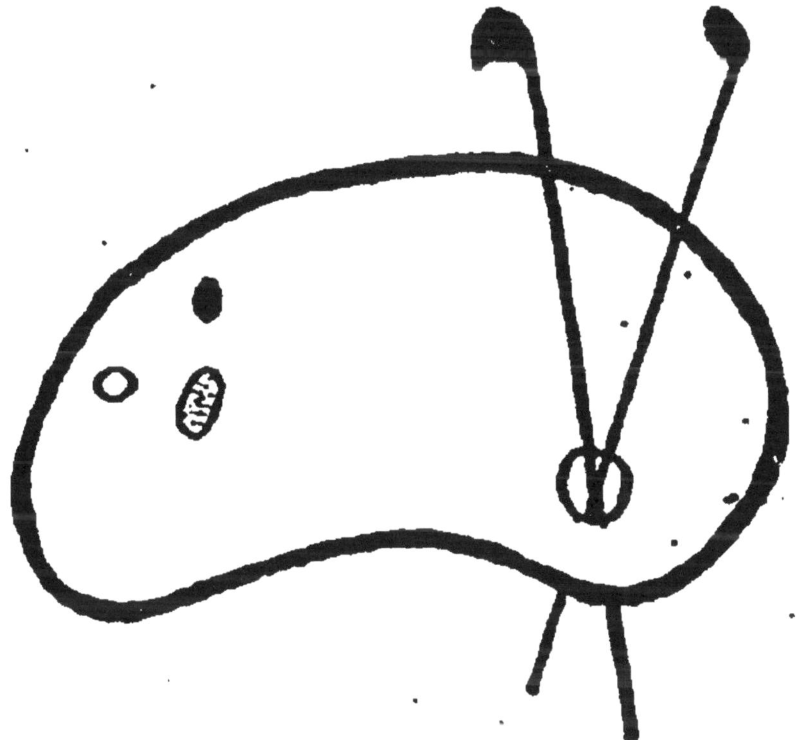

AF474436

LE GÉOGRAPHE
THOMAS LÓPEZ

ET

SON ŒUVRE

ESSAI DE BIOGRAPHIE ET DE CARTOGRAPHIE

PAR

GABRIEL MARCEL
Ancien Président de la Commission centrale de la Société de Géographie
Conservateur adjoint à la Bibliothèque Nationale, Section géographique
Membre correspondant de l'Académie de l'Histoire.

Seconde édition corrigée et augmentée.
Publiée dans le *Boletín de la Real Academia de la Historia*, Julio-Septiembre 1908

MADRID
ESTABLECIMIENTO TIPOGRÁFICO DE FORTANET
IMPRESOR DE LA REAL ACADEMIA DE LA HISTORIA
Libertad, 29. — Teléf. 991.

1908

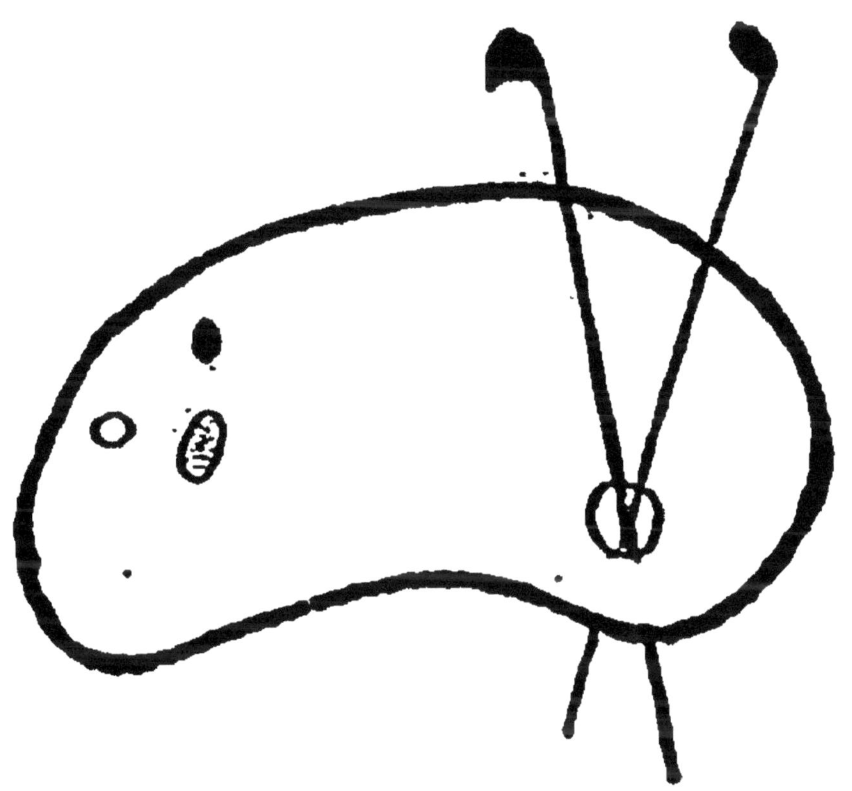

FIN D'UNE SERIE DE DOCUMENTS
EN COULEUR

A mon frère Henri Marcel
Cordial souvenir
Galy

LE GÉOGRAPHE THOMAS LÓPEZ

ET SON ŒUVRE

LE GÉOGRAPHE
THOMAS LÓPEZ

ET

SON ŒUVRE

ESSAI DE BIOGRAPHIE ET DE CARTOGRAPHIE

PAR

GABRIEL MARCEL

Ancien Président de la Commission centrale de la Société de Géographie
Conservateur adjoint à la Bibliothèque Nationale, Section géographique
Membre correspondant de l'Académie de l'Histoire.

Seconde édition corrigée et augmentée.
Publiée dans le *Boletín de la Real Academia de la Historia*, Julio-Septiembre 1908.

MADRID
ESTABLECIMIENTO TIPOGRÁFICO DE FORTANET
IMPRESOR DE LA REAL ACADEMIA DE LA HISTORIA
Libertad, 29. – Teléf. 991.

1908

LE GÉOGRAPHE THOMAS LÓPEZ

ET

SON ŒUVRE (1)

ESSAI DE BIOGRAPHIE ET DE CARTOGRAPHIE

PAR

GABRIEL MARCEL

Ancien Président de la Commission centrale de la Société de Géographie
Conservateur adjoint à la Bibliothèque Nationale
Section géographique. Membre correspondant de l'Académie de l'Histoire.

AVANT-PROPOS.

Dans un article des *Annales de géographie*, M. le lieutenant-colonel Prudent apprécie avec la compétence d'un véritable cartographe les cartes de l'Espagne publiées depuis le commencement du XIXe siècle, et reconnait que l'Atlas de Tomás López est encore (en 1904) le seul document chorographique complet, à l'échelle moyenne, qui existe de la péninsule hispanique; mais il ne s'appuie, ajoute-t-il, que sur des renseignements descriptifs fournis par le haut et le bas clergé, par les corregidores, intendants, ingénieurs en chef, sur quelques cartes manuscrites locales en petit nombre ou des levers réguliers (2).

(1) Ce travail a paru pour la première fois dans la *Revue Hispanique*, tome XVI, 1907.

(2) *Annales de géographie* du 15 novembre 1904. M. le colonel Prudent y donne la liste, l'échelle et la date des cartes composant l'Atlas de López, mais il y a beaucoup de cartes particulières qui n'ont pas été réunies dans l'Atlas et c'est ce qui nous a déterminé à dresser à la fin de ce travail une liste plus nombreuse, mais probablement encore incomplète, des publications de López.

Pour être aussi concis, ce jugement est presque complètement exact, mais il aurait besoin d'être expliqué, motivé, commenté dans certains détails, car il ne s'adresse qu'à l'œuvre espagnole de López et il néglige, de parti pris, tout un côté, et ce n'est pas le moins important, des travaux du géographe.

Jusqu'à notre époque, López a joui d'une réputation, on peut presque dire, universelle, car il a donné de la péninsule hispanique les cartes à la plus grande échelle, qui renferment un nombre considérable de noms de localités, et il est certain qu'il a rendu des services inappréciables. Jusqu'à l'œuvre immense, véritablement scientifique, du colonel Coello, la carte de López, à part quelques travaux locaux et particuliers, fut la seule qu'on pût consulter, et nombreux ont été ceux qui en ont célébré les mérites.

Chose curieuse, voilà un géographe dont tous les Espagnols s'accordent à reconnaître la valeur, et l'on ne trouve sur lui dans les encyclopédies que de courts articles biographiques, aussi incomplets qu'erronés, et pas un de ses compatriotes qui se sont adonnés à l'histoire de la géographie ne lui a élevé le monument biographique qui lui était dû. Navarrete lui-même ne lui a consacré dans sa *Biblioteca maritima* où, pour être juste, il n'avait que de bien maigres droits à figurer, qu'une notice fort incomplète et non exempte d'erreurs. Antillon est le seul qui ait apprécié son œuvre au point de vue critique; encore est-ce en passant, et nous dirons plus loin combien nous sommes d'accord avec lui.

C'est ce manque de renseignements qui nous a amené à faire quelques recherches sur ce géographe peut-être trop vanté, mais d'une valeur réelle bien qu'il manquât un peu trop de critique.

Qu'un étranger, loin des sources originales qu'il n'est pas toujours facile de consulter, ait entrepris pareille tâche, il y a là, sans doute, bien de la présomption; nous croyons cependant que nos recherches n'auront pas été inutiles, qu'elles révéleront nombre de faits inconnus, qu'elles feront mieux apprécier l'étendue et la diversité des travaux de López.

A d'autres plus habiles ou plus heureux de compléter, ou de rectifier nos jugements: nous aurons du moins montré la voie et c'est quelque chose.

CHAPITRE I

Les commencements de Tomás López.—Un grand ministre.—Le marquis de la Ensenada l'envoie à Paris.—Années de jeunesse et d'apprentissage en France.—Son camarade D. Juan de la Cruz y Olmedilla.—Les Atlas de Bohême, d'Espagne et d'Amérique.

Tomás López de Vargas Machuca, nous dit Navarrete (1), naquit à Madrid le 21 décembre 1731, de Bernard López et de María de Vargas Machuca, tous deux originaires de Tolède. Nous aurions aimé à savoir quelle profession exerçait le père de notre géographe et à quel milieu social il appartenait. Ce sont à des préoccupations dont jadis ne se souciaient guère les historiens et les biographes, mais qui nous paraissent indispensables aujourd'hui pour expliquer les dispositions et le caractère des individus, car nous faisons justement une part considérable à l'hérédité dans nos critiques.

Une lettre manuscrite inédite de Tomás López (2) adressée au ministre Dn Mariano Luis de Urquijo (3) nous fournit un détail précieux qui vient s'ajouter à ceux que va nous donner Navarrete. López y dit: le marquis de Villarias, premier ministre d'état et de grâce et justice, me fit «dar estudios, y en el año de 1752, había ya hecho un curso de matemáticas en el Colegio imperial con el P. Werling». Navarrete ajoute qu'il avait étudié la grammaire et la rhétorique et qu'il avait appris le dessin a l'Académie de San Fernando.

---

(1) *Biblioteca marítima*, article: Tomás López.

(2) Nous reproduisons *in extenso* en annexe cette précieuse lettre de Lopez qui nous fournit sur lui-même et sur ses enfants des renseignements tout à fait ignorés jusqu'ici.

(3) Né à Bilbao en 1768 mort à Paris en 1817, Ministre des affaires étrangères en 1798 en remplacement de Saavedra. Croyant la cause des Bourbons perdue en Espagne, il fit partie du conseil des ministres du roi Joseph et se refugia en France en 1814 à la chute de ce Souverain.

Ces renseignements sont incomplets en ce sens que nous aurions été heureux de savoir par suite de quelles circonstances le ministre s'était intéressé au jeune López; nous aurions désiré apprendre s'il avait montré des dispositions particulières, un goût marqué pour la géographie, lors qu'il fut envoyé en 1752 à Paris à l'age de vingt ans pour y apprendre la gravure des cartes.

A cette époque dirigeait les affaires un homme d'esprit large et ouvert, D. Cenón de Somodevilla, marquis de la Ensenada, qui sentait tout ce qui manquait à sa patrie et qui résolut de développer les admirables ressources qu'elle possède. Dans ce but, il lui fallait attirer chez elle des ingénieurs et des ouvriers des divers corps de métiers, des savants qui en exploreraient les richesses souterraines, envoyer en même temps à l'etranger des jeunes gens qui se perfectionneraient dans leur art ou leur spécialité et qui rapporteraient dans leur patrie les meilleures méthodes et les procédés les plus nouveaux. Il fallait en un mot mêler plus intimement l'Espagne au mouvement général de la civilisation européenne.

Ce serait sortir de notre cadre qu'exposer ici les habiles mesures que le marquis de la Ensenada prit dans les différentes branches: guerre, marine, finances, commerce, arts et lettres, pour réaliser les progrès qu'il se proposait et dont on pourra trouver le détail dans l'excellente monographie que M. Rodríguez Villa (1) lui a consacrée. Nous nous contenterons de résumer ici rapidement ce qui touche plus directement à notre sujet.

Excellent administrateur, Ensenada avait été frappé des multiples inconvénients qu'il rencontrait à ne pas posséder une carte du pays à grande échelle, établie sur des données vraiment scientifiques.

---

(1) Madrid, Murillo, 1878, in-8.° Voir notamment pages 144, 145 et 161. Tous les documents mis en œuvre par M. Rodríguez Villa sont empruntés aux Archives historiques et ceux qui n'ont pas de cotes proviennent des archives particulières de la maison de la Ensenada comme c'est ici le cas. M. Rodríguez Villa constate que l'article du *Dictionnaire historique* de Grégoire relatif au marquis de la Ensenada est fautif d'un bout à l'autre.

Dans une *Exposición* adressée à Ferdinand VI, il les mettait habilement en relief, disant (1): «Non seulement nous ne possédons pas de carte exacte de l'Espagne, mais nous n'avons pas d'artiste qui sache la graver: nous sommes réduits à nous servir de celles très imparfaites qui nous viennent de France et de Hollande. C'est ainsi que nous ignorons la véritable situation de nos villes et leurs distances respectives, ce qui est pour nous une honte.»

Il veut, dans ce but, et afin d'obtenir les résultats les plus précis, ajouter, aux excellents instruments qu'on possède à Madrid, les plus nouveaux et les plus perfectionnés qu'on fera fabriquer à Londres et à Paris. Puis il énumère tous les avantages qu'on doit tirer de l'établissement d'une carte semblable: développement du commerce, de l'industrie, des communications, ressources et produits de chaque contrée, renseignements précieux pour une meilleure et plus juste répartition des impôts, &c.

Le résultat pratique de ces judicieuses réflexions fut l'envoi à París de Tomás López et de Juan de la Cruz pour se perfectionner dans la gravure des cartes, de l'ornement et de l'architecture, en même temps que de Manuel Salvador Carmona (2) qui devait y étudier la gravure en taille douce, le portrait et l'histoire, et Alonso Cruzado le gravure en pierres fines.

Dans une lettre datée du 20 avril 1752 et adressée au ministre D. Agustín de Ordeñana, Luis Ferrari était d'avis que ce premier envoi de jeunes élèves devait être suivi de plusieurs autres, et il réglait d'avance le plan de leurs occupations. Un graveur français, Guillaume Nheulland (3), offrait de loger deux

---

(1) No basta, dit Ensenada, que se formen y levanten las cartas, es necesario que haya en el reino quien las sepa abrir, sea haciendo venir de fuera grabadores de esta profesión, ó enviando á París artistas mozos que lo aprendan.—Rodríguez Villa, *loc. cit.*

(2) Graveur de la chambre du roi d'Espagne, S. Carmona naquit à Madrid en 1730. Entré à Paris dans l'atelier de Charles Dupuis, graveur de l'Académie, il y fut reçu à son tour le 3 octobre 1761. De retour à Madrid, il épousa la fille de Raphael Mengs, le célèbre peintre de portraits. Il mourut à Madrid en 1807, après avoir gravé nombre de planches remarquables ainsi qu'un certain nombre de cartes géographiques.

(3) Né vers 1700, Dheulland, mort en 1770, fut graveur de la Marine. Outre de nombreuses planches d'architecture, on lui doit une certaine

de ces jeunes gens dans sa maison au prix annuel et pour chacun de 1500 livres.

Est-ce chez lui que descendirent à Paris Tomás López et Cruz Cano y Olmedilla? Nous n'avons pu le découvrir.

Ce fut, dit López, sur la proposition de D. Jorge Juan et de D. Antonio de Ulloa, qu'il fut envoyé à Paris «para estudiar geografía y levantar el mapa de España». La phrase nous paraît trop concrète et l'on doit en rétablir ainsi le sens: Ce sont ces deux officiers qui, consultés par le marquis de la Ensenada, lui conseillèrent d'envoyer des jeunes gens à Paris pour s'y perfectionner dans les mathématiques et s'y mettre en état de lever la carte d'Espagne à leur retour. On ne comprendrait pas que López ait pu, en France, lever la carte de sa patrie.

De ses camarades, celui avec qui López fut, toute sa vie, lié d'une façon particulière, c'est D. Juan de la Cruz Cano y Olmedilla. Originaire de Madrid, celui-ci était né le 6 mai 1734 et y fut baptisé dans la paroisse de Saint Sébastien. Il se prétendait avec raison parent du fameux Melchor Cano et était frère du célèbre D. Ramón de la Cruz, le poète vaudevilliste à qui sa connaissance du français et des pièces de théâtre qu'on jouait à Paris à cette époque rendirent de grands services (1). Nous aurons

---

quantité de cartes géographiques. Parmi ses œuvres les plus connues il faut citer la gravure du fameux plan de Paris, dit de Tapisserie, qui, après avoir appartenu à la maison de Guise, fut acheté en 1756, sous la prévôté de Turgot, par la Ville de Paris, un plan de Gibraltar et plusieurs cartes particulières de Saint-Domingue et des Antilles. Il est également l'auteur d'une triangulation des côtes de la Provence. Son testament, daté du 28 février 1770, se trouve aux *Archives de la Seine*. Dheulland, dit M. Rodríguez Villa «que estuvo apalabrado para venir y se le embarazó la corte de Francia, se ofrece á tener dos en su casa por mil y quinientas libras al año cada uno». C'est de Dheulland qu'il s'agit dans ce passage de la monographie du marquis de la Ensenada.

(1) «Ramón de la Cruz, poeta sainetista á quien sirvió mucho, comunicándole ideas y traducciones del teatro francés que traxo de Francia, siendo muy apasionado á esta clase de literatura y también forxaba sus versos.» On trouvera de curieux détails sur le frère du géographe dans l'ouvrage de M. Cotarelo y Mori (Emilio), *Don Ramón de la Cruz y sus obras. Ensayo biográfico y bibliográfico...* Madrid, 1899. in 8° de 612 pages. «En él consta documentalmente que D. Ramón nació en Madrid el 28 de marzo de 1731 y que murió el 5 de marzo de 1794, en la casa, calle de

plus d'une fois au cours de cette étude à reparler de Cruz, géographe très consciencieux qui mourut dans la misère.

Où se logèrent les quatre jeunes gens envoyés à Paris par le Mis de la Ensenada? Quelle fut leur existence? Quels furent leurs professeurs? Voici le seul renseignement que nous ayons rencontré. Dans une liste manuscrite des graveurs et marchands d'estampes de Paris (1), datée de janvier 1764, nous lisons la mention suivante: *Loppez chez Gosseaume, porte St Jacques.*

A cette date, López était rentré en Espagne, mais c'est bien de notre artiste qu'il s'agit ici.

Depuis le Moyen Age, la rue S. Jacques était le rendez—vous des libraires, graveurs et imprimeurs, il est tout naturel que notre géographe ait choisi un quartier où il était à même de faire d'utiles connaissances. En Espagne, tout ce que nous apprend F. de Navarrete, qui travaillait sur des documents aujourd'hui perdus et qui possédait la tradition, car il avait connu les fils du géographe et nombre de personnes qui furent en rapports avec lui, c'est que López suivit trois cours de mathématiques au collège Mazarin et qu'il assista aux leçons de l'abbé de La Caille (2). A cette époque, le collège Mazarin n'était plus l'institution qu'avait créée son fondateur; et un certain nombre de savants y donnaient des cours extrêmement suivis. De ces derniers était celui de l'illustre abbé de La Caille qui enseignait les mathématiques.

Membre de l'Académie des Sciences depuis 1741. La Caille

Cedaceros, núm. 1, que hace esquina á la calle de Alcalá, y que hoy, cambiado el nombre, se llama: calle de Nicolás María Rivero. En esta casa se ha colocado una lápida de mármol con inscripción, en que se consignan estos datos.» (Lettre de M. Fernández Duro, Docum. personnels.)

(1) Bibl. Nat. Ms. fraçais 22120 p. 189.

(2) Il semble d'après les termes employés par Navarrete dans son article sur López dans la *Biblioteca marítima* qu'il connut la lettre du 3 janvier 1799 adressée par Tomás López au ministre L. de Urquijo dont nous avons déjà parlé. Le géographe y dit: «Estuve nueve años en aquella ciudad, asistiendo *puntualmente* al Colegio de Mazarin á las lecciones publicas de geografia y al estudio de M. d'Anville, en donde desempeñe mi obligación á gusto del Exc[mo] S. D. Jaime Masones de Lima, nuestro embaxador».

était très lié avec Cassini de Tury qu'il aida à calculer la longueur de la méridienne qui, passant par l'Observatoire de Paris, traversait toute la France. Il venait, à ce moment, de rentrer à Paris, de retour de son voyage au Cap de Bonne Espérance où il était allé observer les étoiles australes.

López nous apprend qu'il fréquentait aussi le cabinet ou l'atelier de d'Anville, l'illustre géographe, alors dans la plénitude de son talent, au savoir immense, qui avait fait une étude particulière de la géographie historique et des mesures linéaires employées par les anciens. Avec une sagacité merveilleuse et une critique étonnante, il était arrivé à des résultats précis qui lui permirent de rectifier les idées erronées qui avaient cours de son temps. C'est avec le même esprit critique qu'il dressa ses cartes modernes, utilisant les innombrables renseignements qu'on lui envoyait de tous côtés, pesant les témoignages et produisant nombre de cartes infiniment supérieures à celles de ses contemporains. Sa réputation était telle que le cardinal Passionei l'appelait le Dieu de la géographie.

On comprend combien dut être profitable au jeune géographe espagnol la fréquentation de ce savant studieux qui ne travaillait pas moins de quinze heures par jour. Là sans doute, il dut connaître l'excellent graveur Guillaume Delahaye qui a gravé tant de cartes pour d'Anville et nous ne serions pas étonné que López et Cruz aient été ses élèves.

La correspondance de d'Anville est aujourd'hui dispersée ou perdue; on n'à donc pas grande chance d'y rencontrer quelques renseignements sur les pensionnaires du gouvernement espagnol; d'autant que nous savons par ce que nous en connaissons que d'Anville n'y donne pas de détails sur son existence (1).

C'est donc une vie plutôt laborieuse que les deux amis menaient à Paris. Nous en avons la preuve, car, en 1755, ils publiaient en 2 feuilles une carte maritime du golfe du Mexique et

---

(1) Nous venons de publier la Correspondance de d'Anville avec le chevalier Hennin qui est fort intéressante; nous avons antérieurement donné au *Bulletin de géographie historique* les lettres adressées par Pasionei à d'Anville.

des Antilles qu'ils dédiaient au roi d'Espagne Ferdinand VI. Nous croyons que cette œuvre de jeunesse, la première qu'ils aient dressée et mise au jour, est assez rare, car nous n'en avons jamais rencontré d'autre exemplaire que celui de la Bibliothèque Nationale de Paris. Elle n'est ni meilleure ni pire que les productions contemporaines, mais elle gravée avec le plus grand soin. En collaboration avec J. de la Cruz, López publiait aussi en 1757 une carte qui s'est obstinément dérobée à nos recherches et qui a pour titre «Mapa de la América septentrional dividido en dos partes. En la primera se describen las provincias según los derechos que piensa tener á ellas la corona de Francia. En la segunda, según las pretensiones de Inglaterra».

Plus tard López publiait seul, en un volume in-12, un petit atlas de l'Espagne et iles adjacentes avec une brève, très brève description de ses provinces, et le dédiait à D. Jaime Masones de Lima y Soto Mayor, ambassadeur d'Espagne à Paris, en lui disant que c'étaient les prémices de ses travaux géographiques, ce qui n'était pas exact puisqu'il avait déjà publié avec Cruz la carte du golfe du Mexique. C'est la première fois que nous voyons López se qualifier de: *Pensionista de S. M. en la Corte de Paris*, titre qu'il n'ömettra sur aucune de ses publications tant qu'il restera à Paris.

Bien que cet ouvrage soit assez médiocre, il s'en vendit, la même année, une édition à Madrid, chez Antonio Sanz avec lequel López eut d'assez longs rapports d'affaires.

Enfin une troisième édition, sans lieu d'impression et sans date, comprend 27 cartes dont les unes ont été remaniées et corrigées et dont les autres sont nouvelles, notamment celles de Portugal qui manquaient dans l'édition originale qui n'était composée que de 21 cartes. Cette dernière édition dut être publiée bien plus tard, car les dates ont été grattées sur les planches originales et on y trouve les environs de Madrid (Cercanías de Madrid) par Juán López, fils aîné de Thomas comme nous le verrons un peu plus tard.

La même année 1757, López faisait paraître dans la capitale, Plazuela de la Paz, chez Ant. Sanz, un atlas in-12 de la Bohême.

C'était une publication de circonstance—la guerre sévissant alors entre l'Autriche et la Prusse—, que notre géographe dédiait à J. Francisco Gaona y Portocarrero, ministre des finances. Dans l'Avis au lecteur, López annonce qu'il exécute les cartes de la Westphalie, de la Saxe et de la Prusse, qui paraîtront sous peu, dit-il, mais qui ne furent à notre connaissance, jamais publiées; il ajoute que, si son œuvre réussissait, il donnerait à la fin de la campagne un extrait des expéditions effectuées par les deux parties en l'accompagnant de cartes géographiques, sur lesquelles seraient tracés les mouvements des troupes. Il cite enfin comme ses autorités les cartes de Tobias Maier et de Muller.

Nous trouvons encore un petit plan de Madrid dans la *Guia de forasteros* pour 1758, mais qui porte la date 1757.

L'activité de López ne s'arrête pas, car, l'année suivante, Antonio Sanz met au jour l'*Atlas geográfico de la América septentrional y meridional* en un volume in-8° que l'auteur dédie à Ferdinand VI et qu'il orne du portrait du roi. C'est le troisième ouvrage qu'il donne pour son premier essai: «Estos son, Señor los primeros ensaios de mis tareas geográficas». Comme il nous est impossible de croire que López ait oublié ses publications antérieures dont la première, faite en collaboration avec J. de la Cruz, avait été dédiée au même Ferdinand VI, nous pensons qu'il espérait, par cette déclaration inexacte, s'attirer les bonnes grâces du souverain.

Cet atlas est surtout destiné à représenter les provinces appartenant à l'Espagne dans les deux Amériques: López dit, dans son Avis au lecteur, qu'il a été amené à représenter ces provinces à des échelles différentes pour donner à l'atlas une uniformité générale; il s'est servi des cartes de Popple, de d'Anville, et de quelques mémoires particuliers, notamment de fragments de ceux de Maldonado, et les plans de villes ont été réduits de ceux de Jorge Juan, d'Ant. de Ulloa et de Frézier. Comme on le voit, la part personnelle de López est fort mince, et ces divers ouvrages ne sont guère que ceux d'un écolier qui n'ose encore prendre l'initiative de travailler seul et se contente de réduire des cartes existantes ou de les changer d'échelle. Cet atlas eut cependant un succès considérable en Amérique, ainsi que le constate M. J. T. Medina dans son *Ensayo cerca de una mapoteca chilena.*

L'éditeur Sanz publiait à Madrid un guide des étrangers; López y grave le plan de Madrid et le réduit de celui de Ventura Rodríguez pour l'an 1759 puis il dessine la carte d'Espagne pour la *Guía* de 1760. Ce sont là des travaux sans personnalité qui n'ont eu d'autre mérite pour l'auteur que de lui procurer quelque argent. Telles sont, à notre connaissance, les œuvres que López exécuta à Paris.

CHAPITRE II

Retour à Madrid.—Commencements difficiles et besognes secondaires.—Premières cartes des provinces de l'Espagne.—López devient son propre éditeur.—Labeur et fécondité.—La carte des PP. Martínez et de La Vega deux fois perdue, deux fois retrouvée.—Son histoire et ses auteurs.

En 1760 López rentra à Madrid, soit qu'il jugeât ses études terminées, soit qu'il fût rappelé par le gouvernement. Il nous apprend lui-même, dans la pétition à D. Luis de Urquijo, que sur la proposition du marquis de Squilace il reçut du Roi une pension annuelle de cent doublons.

L'année 1761 est marquée par la publication des cartes de Jaén, de Grenade et de Cordoue; ce n'est plus maintenant chez l'éditeur Sanz qu'elles sont mises en vente mais bien: *Calle Ancha frente el monasterio de S. Bernardo, y en casa del autor calle del Ave María, esquina de la del Olmo en la casa nueva.* Il demeurait là au second dans une maison neuve qui est parfois désignée sous le non de *casa de los naturales;* mais toutes ces explications, tous ces signes distinctifs empruntés à une enseigne ou à une particularité topographique, ne valaient pas un numéro; il faut avouer que notre façon de procéder est infiniment supérieure à celle qu'on employait à cette époque. Ce que nous pouvons dire, c'est que la grande rue *(calle Ancha)* de Saint-Bernard qui existe encore aujourd'hui, courait depuis la place Santo Domingo jusqu'à la porte de Fuencarral; mais le plan de Madrid en neuf feuilles de D. Antonio Espinosa de los Monteros, daté de 1763, ne nous indique pas où se trouvait placé le monastère de Saint-Bernard, non plus que les rues de l'Ave María ou de l'Orme (Olmo), et le plan de López lui-même, qui est de 1785, ne nous renseigne pas davantage. Notre géographe devient alors son propre éditeur et par là même supprime la remise qu'il était obligé de consentir à Sanz.

L'année 1762 vit paraître à Madrid chez López avec un titre en espagnol une carte d'Espagne due à J. B. Nolin et par lui dédiée jadis à Philippe V, et un atlas d'Espagne et de Portugal par Du Trallage connu sons le nom de Tillemont et l'abbé Baudrand, carte publiée par J. B. Nollin. Ces deux productions se trouvaient à Madrid *en casa de Thomas López pensionista de S. M. C.ª* et à Paris chez le sieur Julien, Hotel de Soubise. La part de López est nulle dans la première de ces cartes et nous ne les citons ici qu'afin de montrer l'ancienneté des procédés encore employés de nos jours par les éditeurs de publier de vieilles cartes en ne les rajeunissant qu'en changeant la date. Il est pour nous évident que nous ne connaissons pas toutes les œuvres de López à cette époque. Ses commencements furent assez difficiles et il dut se livrer, comme nous l'avons tous fait, à des besognes infimes qui lui permettaient de vivre, mais qu'il ne voulait pas signer et nous ne connaîtrons vraisemblablement jamais ces œuvres anonymes, qui n'ajouteraient d'ailleurs rien à réputation.

Dans l'atlas d'Espagne et de Portugal seule une carte de ce dernier pays est due à López qui assure l'avoir construite sur des mémoires modernes.

Des cartes des royaumes de Valence, de la province de l'Estremadura, des partidos de Llerena et de Mérida, de la Louisiane. œuvre de circonstance, car cette province venait d'être cédée avec la Nouvelle Orléans à l'Espagne par Louis XV, celles du détroit de Gibraltar, du royaume de Portugal et de ses diverses provinces témoignent de l'activité scientifique de Th. López pendant cette année 1762. C'est à cette époque que nous le voyons prendre le titre de pensionnaire du Roi.

L'année suivante, notre géographe publie une *Descripción de la provincia de Madrid*, chez Joaquín Ibarra, en un volume in-16 de VIII-216 pages, avec une carte qui mesure 0,385 + 0,39.

Cet ouvrage est dédié au Mis de Grimaldi, bien connu par son inclination, dit López, pour les arts et les sciences. Il ajoute modestement: «Si en esta pequeña obra encontrase V. E. algo bueno, será de Gil González Dávila, del licenciado Gerónymo de Quintana, de Fr. Francisco de los Santos y de otros, lo malo es mío». Les permis d'imprimer sont du 26 avril et du 8 juillet 1763.

«La carte, dit López, est dessinée d'après la grande carte topographique faite vers 1740. Il n'y manque aucune localité, on y trouve les ventas, les arroyos et jusqu'aux moulins. Toutes ces particularités enrichissent notre carte et font défaut dans toutes celles qui ont été publiées jusqu'ici.»

La carte d'Espagne à laquelle López fait allusion ici fut longtemps considérée comme perdue. C'est celle qui fut levée de 1739 à 1743 par les PP. Martínez et de la Vega.

Nous aurions aimé donner ici quelques renseignements et sur la façon dont fut dressée, selon les principes de la trigonométrie rectiligne, cette carte qui devait embrasser toute l'Espagne, nous ne disons pas la péninsule tout entière, et sur les savants qui furent chargés de ces opérations, mais c'est en vain que nous avons fouillé les Archives historiques nationales de Madrid et celles de l'Académie de l'Histoire; nous n'avons trouvé aucun document qui se rapportât à cette entreprise et l'excellente bibliographie de Sommervogel est absolument muette au sujet de ces deux pères jésuites.

Ce document est trop important par lui même, il a rendu trop de services à T. López et à son fils pour que nous ne tenions pas à résumer ici tout ce qui en est parvenu à notre connaissance.

Antillon est le premier qui dans une note de ses *Lecciones de geografía* (1), note qui a longtemps passé inaperçue et qui n'a

(1) Lecciones de geografía astronómica, natural y política...—Madrid, imp. real, 1804, T. I, Discurso preliminar, p. 27.

été remise en lumière que par notre excellent ami D. Ricardo Beltrán y Rózpide, nous fournit quelques renseignements sur cette tentative.

«Au temps de Philippe V et sous les auspices du marquis de la Ensenada, dit Antillon (1), furent faites dans toutes les audiences, des opérations géométriques pour arriver à construire une carte exacte et circonstanciée d'Espagne. Par suite de ces opérations, les PP. Jésuites Martínez et de la Vega levèrent cette carte de 1739 à 1743. Elle est parfaitement dessinée avec un précieux détail des montagnes, rivières et autres accidents de géographie physique. Elle se trouve dans la bibliothèque du duc de l'Infantado où l'a copiée un de mes amis entre les mains de qui je l'ai vue divisée en vingt-trois feuilles. Il est regrettable que ce résultat de nos travaux géographiques si utile et si nécessaire pour les besoins du gouvernement et les investigations littéraires n'ait pas été publié et soit resté jusqu'ici confiné dans les sombres recoins d'archives.»

Il y a là une légère inexactitude car, en 1739, Ensenada n'était pas ministre, mais passons.

L'éminent secrétaire perpétuel, notre cher ami D. Cesáreo Fernández Duro, qui a relaté ce qui précède dans le *Bulletin de l'Académie de l'Histoire* (2), ajoutait en note: «Le 8 juin 1881, la Direction de l'Instruction publique fit part à notre Académie d'une demande ainsi conçue: D. José Malo y Molina, résidant en cette ville, au nom de D. Luis Maritonera, j'ai l'honneur de vous informer qu'au mois d'août ou de septembre dernier fut proposé à S. E. le ministre de Fomento, Cte de Toreno, l'acquisition de la carte d'Espagne que le roi Philippe V avait chargé les PP. Martínez et de la Vega de lever, mais le prix de 6.000 réaux qu'on lui offrit, n'ayant pas paru suffisant au possesseur, il retira sa demande. Puis des circonstances particulières l'ayant décidé à ac-

(1) Isidoro de Antillon, geógrafo, historiador y político. Discursos leídos ante la Real Academia de la Historia en la recepción pública de don Ricardo Beltrán y Rózpide el día 31 de Mayo de 1903. — Madrid, imp. del Depósito de la Guerra, 1904, in-8°, p. 86 note et *passim*.

(2) Décembre 1899, p. 521.

cepter cette offre, je vous envoie cette lettre en vous priant de vouloir bien prendre les dispositions que vous croirez convenables pour réaliser cette acquisition».

L'Académie, ajoute M. Fernández Duro, demanda son avis au colonel Coello, mais, avant que celui-ci l'eût formulé, le propriétaire du document en avait exigé la restitution qui eut lieu le 16 juillet.

Depuis cette époque, on n'avait plus entendu parler de cette carte, lorsque dans sa séance du 5 avril 1904, un des membres de la Société de géographie, M. Vera (1), lui présenta une carte manuscrite de l'Espagne qui lui paraissait être celle des PP. Martínez et de la Vega. Comme l'original de ce document inédit et la seule copie dont on avait connaissance étaient tenus pour disparus, la Société nomma une commission composée de M. le général Benítez, ancien directeur du Dépôt de la Guerre et depuis membre de l'Académie des Sciences, et de MM. Jiménez et Beltrán pour l'examiner et se rendre compte s'il serait possible de l'acquérir afin de la conserver dans la bibliothèque de la Société.

Dès la séance suivante (2), quelques renseignements complémentaires furent donnés par la commission chargée de l'examen de la carte. Il lui avait paru que le document offert était la copie dont parle Antillon et que l'ami entre les mains duquel il l'avait vue ne pouvait être que Tomás López, son confrère en études géographiques et son collègue à l'Académie.

Le général Benítez ajouta que sur cette carte, l'orographie était tracée de deux manières différentes: en perspective avec ombres et en projection horizontale, procédés qu'on trouve sur d'autres cartes de la même époque, le premier employé pour la représentation des grandes cordillères et le second réservé aux groupes orographiques moins importants.

MM. Vera et Beltrán se rencontrèrent avec le propriétaire de cette pièce curieuse, descendant de Thomas López, qui avait cette carte en sa possession, depuis le premier tiers du XIXe siècle.

(1) *Boletín de la Real Sociedad Geográfica*, 1904, p. 495.
(2) *Boletín de la Real Sociedad Geográfica*, 1904, pp. 519 et 529.

Ces membres présentèrent en même temps un certain nombre de documents qui leur avaient été confiés par la même personne et parmi lesquels ne s'en trouvait qu'un seul relatif à la carte, c'est une note rédigée en 1843 par D. Pedro Martín López en termes analogues à ceux employés par Antillon, et ajoutant que la carte était incomplète, comme elle l'est en effet, certaines provinces n'ayant pas été levées géométriquement. Dans une séance suivante, M. Beltrán ayant ajouté que le propriétaire de la carte en demandait 25.000 pesetas, la commission fut d'avis de renoncer à poursuivre l'acquisition de ce document, intéressant il est vrai, mais dont le prix était aussi exorbitant que disproportionné.

J'étais moi-même à Madrid en avril 1904, et j'assistais aux séances de la Société de géographie dont je viens de parler. Comme j'eus en ce moment entre les mains la ca.te des PP. Martínez et de la Vega et que j'ai alors consigné par écrit quelques-unes de mes remarques, je puis compléter les informations ci-dessus.

Cette carte mesure 2m 30 de hauteur sur autant de largeur; elle est manuscrite et en couleurs, elle a été découpée, contre-collée sur papier, puis sur toile. Une partie a été dessinée directement sur le papier qui sert de doublure, soit qu'il y ait eu des corrections à faire, soit parce que tout le sud de l'Espagne et le Maroc étaient en mauvais état dans l'original.

Elle a pour titre: Exposicion | de las operaciones Geometricas | hechas por orden del Rey N. S. Phelipe V | en todas las Audiencias reales | situadas entre los limites de Francia y de Portugal para | acertar á formar una *(sic)* Mapa exacta *(sic)* y circunstanciada de | toda la España. Obra empresa bajo los auspicios | del Excelentissimo *(sic)* Sr Marques de la Encenada *(sic)* y | Executada por los RR. PP. Martinez y de La Vega | de la Compañia de Jesus desde el año 1739 hasta el año 1743.

Cette pièce présente certaines particularités tout à fait remarquables, prouvant que celui qui l'a dessinée savait le français; ce n'est donc sûrement pas l'original, mais une copie due à Thomas ou à Juan López qui tous deux résidèrent assez longtemps à

Paris pour savoir à fond notre langue. C'est ainsi qu'on remarque sur la côte d'Afrique un certain nombre de noms de localités orthographiés à la française comme Tetouan et dans d'autres régions, en Catalogne : Barcelone, Taragone et en Castille notamment, des mots français, col, plaine, etc., mis à la place de leurs équivalents espagnols. Il y a enfin un certain nombre de fautes d'orthographe incompréhensibles de la part d'un espagnol.

Une note sur la carte explique que la partie du N.-O. de l'Espagne est restée en blanc parce que les opérations géométriques n'y ont pas été faites, et de l'absence des Baléares, nous sommes amené à conclure que cet archipel n'avait pas été levé non plus.

Dans le coin supérieur droit se trouve la «Nota» suivante: «Los confines del Aragón y de la Navarra están representados en esta *(sic)* mapa conformemente al Tratado de los Pirineos del año 1659 y rectificados sobre el Tratado de comercio hecho el 24 de Agosto del año 1694 entre las fronteras de Bayona y del Pais de Lavour por una parte y la provincia de Guipúscoa por otra.

Por lo que toca á la Cataluña, los límites están representados en esta *(sic)* mapa conformemente á la Convención establecida entre los Commissarios *(sic)* de España y los de Francia en execución del artículo 42 del Tratado de los Pyrineos *(sic)*, el cual desmiembra 33 pueblos de la Cerdaña para cederlos provisionalmente á la francia.»

Si jamais cette carte revient au jour, nous en aurons assez dit, croyons-nous, pour qu'elle soit facilement reconnue. Nous ne pouvons qu'approuver les conclusions de la Société de géographie de Madrid qui repoussa à l'unanimité les exigences folles du propriétaire. Il n'est personne, pas même un Américain, il n'est en tout cas, pas un établissement scientifique en Europe qui soit assez richement doté pour consacrer 25.000 pesetas à l'acquisition d'un document qui n'est en réalité qu'une copie et dont l'original n'est vraisemblablement pas définitivement perdu.

Comme nous le disions plus haut, il est une chose qui nous a vivement frappé, c'est que l'on ne possède aucun renseignement biographique sur les deux jésuites qui furent chargés de cet important travail. Leurs études antérieures, pensions-nous, leur goût pour les mathématiques ou l'astronomie, leurs publications avaient dû les désigner au choix du ministre et, par cela même, il doit être possible de trouver sur eux quelque renseignement. Nous nous sommes absolument trompé et le résultat de nos recherches a été complètement contraire à nos hypothèses, quelque vraisemblables qu'elles fussent.

Après avoir fouillé les archives et les bibliothèques publiques de Madrid, nous nous sommes adressé à notre excellent collègue de l'Académie de l'Histoire, le très R. P. Fidel Fita, supérieur de la résidence de Madrid, avec lequel nous sommes en rapports depuis 1892, et dont l'obligeance est aussi connue que la science; et voici les conclusions auxquelles il est arrivé.

Les Pères jésuites Martínez et de la Vega (1) figurent au catalogue du Collège impérial de Madrid sous les prénoms de Carlos et de Claudio. Tous deux professèrent la grammaire de longues années, ce qui ne les empêcha pas de s'adonner à des études bien différentes.

Le P. Carlos Martínez naquit à Molina de Aragón en 1710 et

---

(1) Los PP. Martínez y de la Vega que levantaron el plano geográfico de España entre los años 1739 y 1743, aparecen con estos apellidos en los catálogos del Colegio Imperial de Madrid con los nombres el primero de Carlos y el segundo de Claudio. Uno y otro fueron profesores de gramática durante muchos años, lo que no impedía que se dedicasen á estudios subalternos en el tiempo que no les absorbía el cumplimiento oficial de su cargo.

El P. Carlos Martínez nació en Molina de Aragón el año 1710 y falleció en Madrid el día 2 de Mayo de 1774. Ejerció también el oficio de Procurador, con el cual estaba enlazado el de tener correspondencia con todas las residencias y colegios de la Compañía en España y Ultramar.

El P. Claudio de la Vega nació en Madrid el día 30 de Octubre de 1680. Ingresó en la Orden en 1700, y después de haber regentado durante dieciocho años la cátedra de Gramática y dos años la de Retórica, murió en Madrid el 12 de Noviembre de 1748.

Otros individuos de la Compañía apellidados Martínez y de la Vega no se encuentran que, en el intervalo de 1739 á 1743, pudiesen llenar los requisitos que expresa la consulta á propósito del sobredicho mapa geográfico de España; por lo cual, si bien no puede firmarse con entera certidumbre que fuesen ellos autores del mapa, hay bastante fundamento para atribuírselo. — Madrid, 27 de Abril de 1906. — Fidel Fita.

mourut à Madrid le 2 mai 1774. Il remplit également les fonctions de procureur, ce qui l'obligeait à entretenir la correspondance avec toutes les résidences et les collèges d'Espagne et d'Outremer.

Né à Madrid le 30 octobre 1680, le P. Claude de la Vega entra dans l'ordre en 1700, occupa dix-huit ans la chaire de grammaire, deux ans celle de rhétorique et mourut dans la même ville le 12 novembre 1748.

Ce sont les seuls jésuites, figurant sur les registres de Madrid pendant cet intervalle de 1739 à 1743, qui paraissent répondre à la question de manière que s'il n'y a pas certitude absolue que ceux-ci soient les auteurs de la carte d'Espagne, il y a cependant suffisante probabilité.

Malgré l'autorité qui s'attache à tout ce qui vient du R. P. Fita, il restait dans notre esprit des doutes considérables.

Comme, en si grave matière, on ne saurait s'entourer de trop de renseignements, sur l'avis de l'un de nos confrères de l'Académie de l'Histoire, je me suis adressé au R. P. J. Eug. de Uriarte bien connu pas ses travaux biographiques et bibliographiques sur les membres de la Société de Jésus.

Je résume en quelques lignes la longue et très érudite réponse qu'il m'a adressée et je saisis avec empressement cette occasion de le remercier publiquement de son amabilité.

Les PP. Martínez et de La Vega jésuites, ne sont pas à son sentiment et n'ont pas pu être les auteurs de la carte en question. Le P. Vega s'appelait en realité Vesga; il a consacré sa vie entière, à deux ans près, à l'enseignement de la grammaire.

Quant au père Carlos Martínez qui mourut en 1764 et non dix ans plus tard, il était entré en 1737 dans la Compagnie. A peine agé de 27 ans, venant de terminer ses études de philosophie et de théologie à Alcalá, il n'avait pas eu le temps matériel de se livrer aux études spéciales et absorbantes nécessaires pour entreprendre une besogne aussi importante que celle dont on dit qu'il aurait été chargé; enfin il est tout a fait inadmissible que ses supérieurs après deux ans seulement de présence dans la Société lui aient permis de lever la carte de toute l'Espagne.

La conclusion du P. de Uriarte est que ces deux religieux, malgré l'affirmation positive de la carte manuscrite, n'appartenaient pas à l'ordre des jésuites.

A ces détails topiques de mon savant et si compétent correspondant j'ajouterai quelques questions auxquelles je ne vois pas de réponse plausible.

1.° Pourquoi le ministre Ensenada se plaindrait-il de ne pas posséder de carte vraiment scientifique d'Espagne s'il l'avait fait dresser lui même par les deux PP. Jésuites?

2.° Pourquoi ceux ci, s'ils ont vraiment travaillé sur l'ordre d'Ensenada, peuvent-ils se tromper sur l'époque où il était ministre?

3.° Comment aurait-on choisi deux pères jésuites professeurs de grammaire pour se livrer à un travail pour lequel ils n'avaient pas fait les études nécessaires et qui ne peut s'improviser?

4.° Enfin, comment n'a-t-on pu trouver jusqu'ici dans aucun dépôt d'archives le moindre document officiel relatif à une si considérable entreprise?

L'administration centrale, en effet, dut transmettre aux gouverneurs de province et ceux-ci à leurs agents les ordres nécessaires à l'accomplissement d'un travail aussi compliqué. Géomètres, ingénieurs, arpenteurs ont dû être mobilisés ainsi qu'un certain nombre de militaires et de paysans qu'il a fallu appliquer au transport des instruments, à la plantation des signaux pour les visées trigonométriques et autres opérations, et cela du haut en bas de l'échelle administrative, dans toutes les provinces où les Pères ont opéré. Et pas un ordre, pas une instruction, pas la moindre circulaire n'est parvenue jusqu'à nous. C'est à se demander si réellement les Pères Martínez et de la Vega ont réellement existé, si quelque autre géographe ne serait pas caché sous ce pseudonyme. C'est en vain que nous nous sommes livré à de longues et multiples recherches sans trouver les véritables auteurs de cette carte irritante qui soulève tant de problèmes.

Ce document n'est pas le seul que López ait pu consulter avec profit: nous verrons bientôt que son titre de géographe des

Domaines du Roi qui lui fut accordé le 20 février 1770 (1) lui ouvrit bien des portes et lui permit de consulter nombre de mémoires et de documents, comme la carte de la province de Tolède qui ne fut jamais publiée, et qui sont vraisemblablement encore cachés dans quelques archives officielles ou particulières. Le public ne sait pas le grand nombre de riches bibliothèques qui existent encore en Espagne et dont les propriétaires ne connaissent pas eux mêmes l'intérêt, la rareté et, par conséquent, le prix des trésors qu'ils possèdent sans s'en douter. Combien encore aussi de ces bibliothèques conventuelles dont jamais aucun livre n'est sorti depuis qu'il y est entré?

CHAPITRE III

Activité scientifique de López.—Principes géographiques appliqués à l'usage des cartes.—Changement de domicile.—Les honneurs.—Discours de réception à l'Académie de l'Histoire.

La production de López semble un peu se ralentir les années suivantes: avec la représentation des évêchés de Orense et de Mondoñedo que López grave pour Cornide dans la *España Sagrada* de Flórez en 1763 et 1764, nous ne connaissons de lui que quelques petites cartes parues dans la *Guía de forasteros* ou *Kalendario manual* édité par Antonio Sanz. L'auteur, publiant en 1767 une petite table de l'Espagne divisée en provinces, a soin de nous prévenir qu'il continue à travailler aux cartes particulières. Cet avis n'était pas inutile. En 1764 et l'année suivante, il publie pour son compte une carte de la province de la Manche. En 1766, paraissent des tables de l'Estremadure et de l'évêché de Cuenca; nous avons aussi trouvé au Dépôt de la guerre de Madrid un croquis très avancé avec annotations manuscrites de la province de Guadalajara.

López se trouve alors dans une période de véritable activité scientifique, les cartes succèdent aux cartes. En 1767, ce sont le royaume de Séville, l'Espagne divisée en ses provinces, le par-

(1) Navarrete, *Bibliogr. marítima. Loc. cit.*

tido de Madrid; en 1768 le señorío de Biscaye, l'évêché de Lugo, le royaume de Murcie, la province de Tolède; en 1769, nouvelle édition de la Biscaye, la province d'Avila, le partido d'Almonacid de Zorita, la Rioja, puis une carte d'Europe et une de l'île de Corse sur laquelle l'attention publique avait été attirée par la lutte de Paoli contre la France.

Remarquons en passant que jamais T. López ne laissa passer l'occasion de lancer une carte de pays ou un plan de ville lorsqu'un événement militaire lui donne un regain d'actualité. On dirait aujourd'hui de lui, c'est un homme pratique.

En 1770, virent le jour les provinces de Guipúzcoa, d'Avila, la baie d'Alger et ses environs, théâtre d'une expédition malheureuse des Espagnols sous le commandement du comte O'Reilly (1), une carte d'Espagne et le Guipúzcoa dont Güssefeld devait se servir pour sa table des provinces de Guipúzcoa, d'Alava et de Biscaye. L'année suivante il ne publie qu'une mappemonde et la carte d'Afrique, il grave aussi la carte de Californie dressée par Miguel Costanzo, tandis qu'en 1772 il fait paraître l'Asie, l'Amérique, il prépare les cartes de la province de Madrid et des îles Majorque et Cabrera qui ne seront rendues publiques que l'année suivante avec les provinces de Ségovie et de Zamora.

En 1774 paraissent les cartes de la Terre Sainte, celle du partido de Baston de Laredo et, pour Garma y Duran, il grave celle de l'évêché de Barcelone.

Cette énumération est fastidieuse, nous le reconnaissons, mais il est impossible de se faire autrement une idée du labeur acharné de López. Si c'est incontestablement de l'Espagne qu'il s'occupe avec le plus de zèle, il publie néanmoins un certain nombre de cartes générales ou particulières qui nous permettent de croire qu'il avait l'intention de mettre au jour un atlas général.

A cette époque, Tomás López, non content de se montrer habile cartographe, ambitionne une gloire plus haute. Sous le

(1) On trouvera le récit de cette expédition au tome VII de: Fernández Duro, *Armada española*.....

titre de *Principios geog. áficos aplicados al uso de los mapas* (1), il publie un ouvrage fort utile dont le second volume ne devait paraître que huit ans plus tard (2). Dans le prologue de ce dernier, López s'excuse du long espace de temps qui s'est écoulé depuis l'apparition du premier volume et rejette ce retard sur la multiplicité de ses occupations.

Cette seconde partie est pour nous la plus intéressante, car on y trouve des chapitres fort curieux relatifs à la boussole et à sa déviation, aux lignes loxodromiques, aux cartes hydrographiques, aux mesures en usage chez les anciens, à l'étranger, ainsi que sur la lieue légale, la lieue commune, la lieue géographique de 17 ½ au degré, &.ª

Une troisième édition a été publiée à Madrid en 1795; elle est sortie des presses de D. Benito Cano en 2 volumes in-16 avec 6 planches pour les deux volumes (3).

Quant à la deuxième édition nous ne l'avons rencontrée nulle part et nous penchons à croire qu'elle n'a jamais existé. C'est sans doute le tome 2 paru en 1783 que Cano aura considéré

(1) Madrid, 1775. Por D. Joachim Ibarra, impresor de la Camara de S. M.. Ce n'est que le tome premier qui ne contient que la description de la sphère où il explique les points, lignes et cercles qui la composent. Ce volume est dédié à D. Pedro Rodríguez Campomanes, primer Fiscal del Real y Supremo Consejo de Castilla. Il était naturel, selon López, que cette œuvre lui fut dédiée en raison de ses connaissances géographiques que tout le monde a pu apprécier en lisant son Périple d'Hannon, son Itinerario real de Postas de dentro y fuera de España et sa Noticia geográfica del Reyno y caminos de España. Il ne pouvait donc mettre son ouvrage sous une meilleure égide. D. Pedro Rodríguez Campomanes, né en 1723, mort en 1803, fut l'un des administrateurs les plus remarquables de l'Espagne, un de ceux qui firent le plus pour sa régénération. Président des Cortes, ministre d'État, directeur de l'Académie de l'Histoire, il fit preuve dans ces diverses situations des connaissances les plus variées et les plus utiles pour conduire son pays dans la voie du progrès moderne. Nombreuses sont les mesures économiques qu'on lui doit et qui firent de Campomanes une manière de Turgot espagnol. Outre les ouvrages cités par López, on lui doit des Discours sur l'éducation des artisans, sur les sources de l'industrie, une Notice géographique du royaume et des routes de Portugal, etc., etc.

(2) Madrid, 1783, por D. Joachim Ibarra, impresor de Camara de S. M. in-12. Ce tome 2 est seul présent à la Bibliothèque nationale de Madrid.

(3) Bibliothèque de l'Académie de l'Histoire: H 193-194.

comme une seconde édition, ce qui lui aura permis de mettre sur sa réimpression, afin de la faire vendre un peu plus, les mots: Tercera edicion.

A cette même date, 1775, il faut placer une carte générale des États Barbaresques qui fut réimprimée après la mort de l'auteur, car elle porte «por D. Tomás López, geógrafo *que fué* de S. M.»; elle n'est pas datée mais se vendait alors «calle del Príncipe, núm. 13, frente á la librería de Mijar».

Depuis dix ans (1765), López avait quitté la rue San Bernardo pour s'établir calle de Carretas, en face de l'imprimerie de la Gazette, dans une maison qui avait son entrée sur la petite place del Ángel. A quoi faut-il attribuer ce changement d'adresse? au développement qu'avait pris son industrie? à la nécessité d'ateliers plus vastes? à l'augmentation de sa famille?

Nous ne savons au juste.

Tant de publications de valeur avaient attiré l'attention publique sur notre géographe et les sociétés scientifiques les plus en vue avaient tenu à se l'associer; c'est ainsi qu'il est nommé successivement membre de l'Académie de San Fernando, puis de la Société basque des amis du pays, de l'Académie des Belles-Lettres de Séville et enfin, le 6 décembre 1776, membre de l'Académie royale de l'Histoire (1).

Le 7 janvier suivant, López prononçait devant l'Académie son discours de réception, qui avait pour sujet les mesures de longitude chez les Hébreux (2). Après quelques mots assez brefs de remercîments à la Compagnie, l'auteur discute l'opinion d'un grand nombre d'auteurs anciens: Mariana, Caballero, Reland, le P. Lami et surtout d'Anville dont il adopte toutes les conclusions. C'est, en somme, une œuvre hâtive, sans grande valeur, superficielle, sans critique et fort peu personnelle.

En 1776, s'imprime à Madrid une édition de la *Araucana* de

(1) Noticia histórica de la Academia.

(2) Le manuscrit original se trouve dans la Bibliothèque de l'Académie de l'Histoire sous la cote E 167, pages 80 à 90. Il a pour titre: Discurso acerca de las medidas largas de espacios ó de longitud de los Hebreos, y de su valor y computación con la vara castellana.

D. Alonso de Ercilla y Zúñiga, le grand poète épique; c'est aussitôt à López que s'adresse l'éditeur pour avoir une exacte représentation du Chili, tant est grande sa réputation, et nous verrons bien d'autres ne pas hésiter à confier à notre géographe l'exécution des cartes qui doivent illustrer les éditions qu'ils publient.

CHAPITRE IV

Enquête géographique auprès des évêques et des curés. Ses résultats.— Questionnaire aux intendants.—Manque de critique.—Les dictionnaires manuscrits des provinces d'Espagne à la Bibliothèque nationale.

C'est dix ans avant cette époque qui est marquée par la publication d'un si grand nombre de travaux, que López se rendant compte des difficultés qu'il rencontrait dans l'exécution de ses cartes des diverses provinces de l'Espagne eut l'heureuse inspiration de s'adresser officiellement, et, vraisemblablement avec l'autorisation du ministre compétent, aux archevêques, évêques, curés et autres fonctionnaires ecclésiastiques pour leur demander des renseignements relatifs à leur diocèse ou à leur paroisse. Géographe des Domaines, il leur envoyait un questionnaire en cette qualité, espérant bien qu'il serait fait une réponse favorable à ses questions et qu'en tout cas on hésiterait avant de la lui refuser. Plus d'une fois cependant, et malgré le désir que ces ecclésiastiques avaient de lui être agréables, ils se trouvèrent dans l'impossibilité de le faire. La lettre suivante de l'évêque d'Osma, datée du 29 janvier 1768, nous donne du personnel ecclésiastique d'alors une idée assez fâcheuse: «Je regrette, dit-il, de ne pas voir dans toute l'évêché une personne en état de satisfaire à vos demandes, les vicaires sont en petit nombre et trop dispersés, les archiprêtres, bien que plus nombreux, sont aussi ignorants en la matière et non moins les curés, comme je l'ai constaté par expérience en causant de ces choses avec eux au cours de mes visites pastorales» (1).

(1) ..... me es igualmente sensible de no conocer en todo este obispado persona que pueda satisfacer al cargo, porque los vicarios son pocos y dispersos, los arciprestes, aunque más, todos ignorantes desta materia, y

La formule imprimée envoyée par López était cependant assez habile et flatteuse. Elle était adressée aux évêques, vicaires généraux et curés. Préparant une carte du diocèse, disait-il, et désirant la publier avec toute l'exactitude possible, il priait le destinataire de répondre aux questions qu'il lui faisait. «C'est le devoir de tous, ajoutait-il, de concourir à l'illustration publique, mais c'est une obligation encore plus stricte pour ceux qui sont connus par leur savoir et qui occupent une position élevée, comme vous, M., de le faire, ainsi que n'y ont pas manqué bien d'autres personnes en différents diocèses.

Par ce moyen, je compte faire disparaître des cartes étrangères et des descriptions géographiques de notre patrie de nombreuses erreurs intentionnelles ou non. Si vous le permettez, je citerai dans le prologue de mon travail votre nom avec la part que vous y aurez prise et celle de vos collaborateurs» (1).

---

los curas lo mismo, según he experimentado y se ha ofrecido en las ocasiones de tratar de este asunto en las visitas. Ms. 7.300.

Tous les papiers, mémoires, interrogatoires, lettres de et à López se trouvent réunis au Département des Manuscrits de la Bibliothèque nationale de Madrid sous le titre de *Diccionario geográfico* pour les évêchés de Albacete, Almería, Asturias, Cádiz, Ciudad Real, Coruña, Cuenca, Extremadura, Granada, Guadalajara, Huelva, Jaén, León, Logroño, Málaga, Orense, Palencia, Pontevedra, Sevilla, Soria, Toledo, Valladolid, Vascongadas (provincias), Zamora S XVIII, 7293 à 7308. On y rencontre également une centaine de cartes pour la plupart d'une dessin enfantin, mais qui étaient cependant précieuses pour López en ce sens qu'elles lui fournissaient un grand nombre de noms de localités avec leur situation respective évaluée en lieues. Il fallait cependant s'entendre sur la valeur de la lieue. On se servait alors pour l'estimation des distances postales de la lieue géographique de 17 1/2 au degré, soit 7.600 varas castillanes, mais la lieue légale était de 16 1/2, soit 5.000 varas, tandis que la lieue commune variait suivant les provinces. On trouvera de précieux détails sur ces diverses mesures dans l'ouvrage de López dont nous avons parlé plus haut et qui a pour titre: Principios geográficos.... Tome II.

(1) «Muy señor mío: Hallándome ejecutando un mapa y descripción de esa diócesis, y deseando publicarle con el acierto posible, me pareció indispensable suplicar á V. se sirva responder á los puntos que le comprehenda del interrogatorio adjunto.

Es muy propio en todas las clases de personas concurrir con estos auxilios á la ilustración pública y mucho más en los graduados por su saber y circunstancias como V. y como otros le ejecutaron en otros obispados.

Por este medio discurro desterrar de los mapas extranjeros, de las des-

Nous donnons ci-dessous en appendice le questionnaire qui accompagnait la circulaire que nous venons de résumer. On comprend facilement que la valeur des réponses variait avec les individus, selon qu'ils étaient plus ou moins instruits, plus ou moins travailleurs, plus ou moins intelligents; elles étaient donc fort inégales. López a cependant puisé pour ses cartes dans ces réponses une foule de renseignements curieux; il n'hésite pas à le reconnaitre, il le publie même avec plaisir pour encourager les autres à lui rendre service; il imprime les noms de ses correspondants en indiquant la nature des informations qu'ils lui ont fournies. Les exemples en sont nombreux, nous ne voulons citer entre autres que la carte de la Sierra de Guadalupe. Dans le texte qui l'accompagne, notre géographe cite sept cartes ou relations qui lui furent envoyées en 1765 et 1766 par des curés et relatives aux localités comprises dans cette feuille. Très souvent encore, sans citer nominativement les auteurs comme il le fait ici, il dit qu'il a dressé sa carte d'après les mémoires «de los naturales». C'est le plus souvent des curés qu'il veut parler. Beaucoup d'entre elles auraient eu besoin d'être vérifiées, car nombre de correspondants fort crédules acceptaient sans contrôle les faits les plus extraordinaires alors surtout qu'ils avaient pour but d'exalter leur petite patrie. Or, nous n'avons aucune preuve que ces relations aient été examinées par López avec un esprit critique. Elles ne sont accompagnées d'aucune réflexion, d'aucune appréciation, et c'est ici que nous voyons combien l'élève de D'Anville est inférieur à son maître. Toutes les infor-

---

cripciones geográficas de España, muchos errores que nos postran: unos, cautelosamente; otros, ocultando nuestras producciones y ventajas, para mantenernos en la ignorancia, con aprovechamiento suyo y por un fin de cosas que V. sabe y no es asunto de esta carta.

Si V. lo permite, daré cuenta de su nombre y circunstancias en el prólogo de la obra, como concurrente en su mediación y trabajo, sin olvidar todos los sujetos que ayudan á V. en el encargo. Se servirá V. poner la cubierta al Geógrafo de los dominios de S. M. que firma abajo.

Dios guarde la vida de V. muchos años, Madrid... B. L. M. de V. su más atento servidor.»

A cette circulaire était joint un interrogatoire que nous reproduisons en appendice avec plusieurs autres pièces relatives à la même enquête.

mations que celui-ci recevait de ses correspondants étaient comparées, confrontées entre elles et la valeur morale de l'observateur entrait en ligne de compte dans l'appréciation de ses renseignements. Rien de pareil ici. López s'est contenté d'amasser des documents avec l'idée de publier un Dictionnaire géographique de l'Espagne qui aurait été accompagné de cartes de provinces, d'évêchés, de partidos, de corregimientos et de plans de villes.

Il nous semble, en lisant ce questionnaire et celui que López envoyait aux intendants de province, qu'il avait eu connaissance de la grande enquête entreprise par Velasco sous Philippe II, et de l'instruction bien connue de 1575 (1), à la suite de laquelle Esquivel avait commencé un lever scientifique de l'Espagne, enquête dont il reste huit volumes manuscrits de réponses à l'Escorial et dont la partie relative à la province de Guadalajara a été publiée en 3 volumes in-8° par notre ami D. Juan Catalina García, membre de l'Académie de l'Histoire et directeur du Musée archéologique. Plus circonstanciés étaient les questionnaires envoyés aux intendants : ils ne comptaient pas moins de quarante numéros et ces demandes portaient sur des sujets si différents qu'il ne faut pas s'étonner si nombre de pauvres curés de campagne ou d'alcaldes ne purent fournir de réponses satisfaisantes, soit qu'ils manquassent de l'instruction nécessaire, soit qu'ils n'aient pu réunir les éléments nécessaires pour fournir les informations économiques qu'on réclamait d'eux sous serment.

Le nom de la localité, sa situation topographique et administrative, la bonté des terres, la nature, la qualité et la valeur des produits agricoles, des détails minutieux et précis sur les mines, salines, industries diverses et commerce, le nombre des habitants et des maisons, la nature et quantité des impôts à payer, les noms et nombre des rivières, leur cours, la quantité des barques, les espèces de poissons, etc., telles étaient les questions posées : aussi ne nous étonnons-nous pas de voir souvent la

---

(1) Voir notre travail sur *Les origines de la carte d'Espagne*, 1899, in-8°.

sécheresse et l'aridité des lettres envoyées à López; comme dit le proverbe, qui trop embrasse mal étreint.

Trente années s'étant écoulées entre les premiers renseignements reçus et les derniers qui furent adressés à López, on voit le peu d'unité et de contemporanéité dans le dictionnaire rêvé par notre géographe. Est-ce la raison qui le fit hésiter à utiliser ces matériaux? nous ne le pensons pas, puisque jusqu'à la fin de sa vie il en sollicite de nouveaux. Toujours est-il qu'il est heureux que tous ces mémoires aient été conservés; s'ils ne peuvent et n'ont pu servir à un dictionnaire, ils sont utiles à ceux qui font des recherches particulières et s'occupent d'histoire locale.

Si López, comme le prouve la nombreuse correspondance qu'il reçut, commença ses démarches avant 1767, il dut être mis neuf ans plus tard, lorsqu'il fut admis à en faire partie, au courant des travaux analogues qu'avait entrepris l'Académie de l'Histoire, travaux qui auraient fait double emploi avec les siens ou qui auraient pu les compléter avantageusement. Ce que voulait l'Académie, c'était réunir un certain nombre de monographies de provinces sous la responsabilité de quelques-uns de ses membres, et l'on voit immédiatement la supériorité de ce procédé sur celui employé par López qui, frappant à toutes les portes, recueille des renseignements de toute main, par conséquent de valeur inégale et se contente de les accumuler sans critique. Le travail étant ainsi divisé, devait marcher bien plus rapidement.

Fondée en 1735 par plusieurs littérateurs qui se réunissaient dans la maison de D. Julián de Hermosilla, sous le nom d'Académie universelle, cette société s'était d'abord préoccupée de la nécessité de faire lever et publier des cartes exactes et scientifiques d'Espagne, mais ayant bientôt reconnu (1740) la difficulté de ce travail et de faire dresser des tables géographiques qui ne fussent pas indignes de son nom, elle s'était rapidement contentée de réunir des matériaux pour une description de l'Espagne ancienne et moderne (1).

---

(1) Noticia histórica de la Academia, en tête de ses *Memorias*.

Certes, le plan conçu par l'Académie aurait nécessité la publication d'un grand nombre de volumes, mais seuls ces corps savants peuvent entreprendre des travaux d'aussi longue haleine, car il est rare qu'un particulier ait assez de temps, quel que soit le nombre d'années qu'il vive, et la fortune suffisante pour les mener à bonne fin (1). Encore l'Académie de l'Histoire dut-elle se borner et se contenter de publier en 1789 deux volumes in-fol. qui ont pour titre : le premier, *España dividida en provincias é intendencias*, imprimé à l'Imprimerie royale, et le second, *Nomenclator de todos los pueblos de España*. Ce ne sont en réalité que deux dictionnaires de l'Espagne, l'un par provinces, l'autre par ordre alphabétique de localités.

Il faut lire dans le prologue (2) du *Diccionario geográfico-histórico de España* toutes les difficultés auxquelles s'était heurtée l'Académie et la résolution qu'elle prit pour aboutir, de confier la partie relative à la Navarre et aux provinces basques à une commission qui, après avoir tiré d'un grand nombre d'ouvrages achetés par elle le fond de son travail, le compléta de la même manière que faisait López : par des questionnaires (3). Les trois volumes relatifs aux provinces dont nous venons de parler sont les seuls qui aient vu le jour. Les matériaux relatifs à l'Aragon avaient bien été réunis, mais les graves événements qui se passèrent alors en Espagne et la guerre de l'Indépendance qui dispersa les Académiciens et les enleva aux travaux historiques et archéologiques qui nécessitent la paix et la tranquilité pour être menés à bien l'empêchèrent de pousser plus loin une entreprise qui lui aurait fait le plus grand honneur.

(1) Voyez cependant le Dictionnaire de D. Pascual Madoz qui, s'il n'est plus au courant, est du moins resté un modèle pour tout ce qui est ancien.

(2) Ce Dictionnaire fut publié par l'Académie de l'Histoire, en 3 vol. in-fol. imprimés à Madrid en 1802 chez la veuve de Joaquín Ibarra.

(3) « dirigió cartas de oficio acompañadas de interrogatorios impresos á los xefes, prelados, cuerpos y personas particulares que podían contribuir á la adquisición de materiales. Por semejantes medios, y en virtud de repetidas instancias, consiguió la Junta completar las 361 descripciones que faltaban del Reyno de Navarra, las de 35 hermandades de la provincia de Álava, las de todos los pueblos de la de Guipúzcoa y rectificar las del señorío de Vizcaya. »

Nous avons tenu à donner quelques détails particuliers et à publier un certain nombre de pièces inédites relatives à la tentative faite par López et qui paraît être restée inconnue jusqu'ici de ses rares biographes, tentative d'autant plus curieuse et méritoire qu'elle est contemporaine de celle de l'Académie de l'Histoire et que López ne semble pas s'en être inspiré.

CHAPITRE V

Cartes d'actualité.—Copie des travaux de López par les Allemands.— D. Juan López et ses œuvres géographiques.—Goût de T. López pour la géographie historique.—Le cours du Tage.—Gratification pour la carte qui accompagne le traité de 1783.—Le plan de Madrid de 1785.— La Cosmographie abrégée.

La convention secrète de Paris, du 15 août 1761, qui avait stipulé la déclaration de guerre de l'Espagne au Portugal, avait déchaîné les hostilités en Amérique. L'année suivante, le gouverneur et capitaine général de Buenos Ayres, D. Pedro de Ceballos, s'était emparé par force de la Colonie del Sacramento située près de Buenos Ayres dont la prospérité était due tout entière à la contrebande qu'y faisaient les Portugais. C'étaient là pour López des événements intéressants qui le déterminèrent à publier une carte de ces localités. La Colonia del Sacramento, assiégée une première fois en 1762, venait d'être prise en 1777 par les Espagnols (1); il en avait été de même du fort du Río Grande de S. Pedro.

L'année 1778 voit paraître de López des travaux relatifs à la péninsule hispanique, à l'Amérique et à l'Afrique. Ce sont des cartes d'Iviza, de Portugal, de la Nouvelle Angleterre et du golfe de Guinée. A propos de cette dernière, il rédigea un mémoire (2) dans lequel il passe en revue toutes les cartes antérieures, expose les différences qu'il constate entre elles et avec

(1) Voir sur ces événements: Fernández Duro, *Armada española*, VII, pp. 110 et suiv. On trouve dans cet excellent ouvrage très bien documenté une foule de renseignements des plus précieux.

(2) Académie de l'Histoire, estante 20, gr. 7ª, nº 22.

celle publiée par Bellin, différences qui atteignent jusqu'à trente lieues et qui proviennent, suivant lui, des inexactes observations de longitudes.

La production de l'année suivante est aussi variée: ce sont des cartes de Sicile, de Fuertaventure et Lanzarote, de la province de Valladolid, de la baie de Gibraltar et de l'Allemagne.

En 1780 avec celles de Cabrera, de Minorque, nous devons citer la carte réduite des Canaries pour laquelle López a utilisé les observations de Borda en 1776, celle de l'île de Palme, et enfin une très curieuse table d'une partie de l'Espagne qui comp . le théâtre des aventures de Don Quichotte d'après les observations faites sur le terrain par le capitaine du génie D. Josef de Hermosilla et qui accompagne l'édition publiée par l'Académie Espagnole (1).

Il faut croire que les travaux de López étaient vus en Allemagne d'un œil favorable. F. I. Güssefeld, et ce ne sera pas la seule fois, les utilise pour une carte du royaume de Séville qu'il publie à Augsbourg chez Homann. Les événements militaires, la prise de Mahon et le siège de Gibraltar sont exploités par notre géographe, qui publie même une relation du débarquement et de la prise de Mahon, ainsi qu'un plan du fort Saint-Philippe. Nous devons citer également comme datant de 1781 une carte des Antilles en 2 f[lles] et celle des îles Açores qui porte avec le nom de Thomas López, celui de son fils Juan.

Poussé par l'amour qu'il professait pour le géographie, López, avait dirigé son fils aîné vers les mêmes études. Après lui avoir fait faire ses humanités, apprendre à fond le grec, il lui fit étudier pendant deux ans les mathématiques à San Isidro el Real avec Don Antonio Rosell et se chargea de le diriger dans la voie que lui-même parcourait avec tant d'éclat. Le comte de Floridablanca l'envoya passer deux ans à Londres et à Paris pour se perfectionner dans ses études en lui donnant une pension de 8.000 réaux, qui lui fut continuée à son retour par le comte

(1) Publiée à Madrid, chez D. Joaquín Ibarra en 1780, en 4 volumes in-4°.

d'Aranda. Juan López a publié un grand nombre de cartes (1) et nous aurons plus d'une fois au cours de ce travail à donner sur ses publications quelques détails intéressants (2).

Tomás López s'occupait également de géographie ancienne et nous le verrons plus tard publier tout un atlas de cette partie si intéressante et si discutée de la science, goût qu'il avait puisé, sans doute, dans la fréquentation de d'Anville qui montra toujours pour la géographie historique une preférence marquée. Il est obligé par les nécessités du moment de prendre, de laisser et de reprendre ces études; cette année (1780) il met au jour une carte générale pour l'intelligence de la Cyropédie et une particulière pour la retraite des Dix mille. Mais il lui faut s'occuper des Iles Baléares sur lesquelles l'attention est appelée par la guerre, et il publie des cartes de Minorque, de Cabrera et de Palma; des iles Canaries, et sa nomination encore récente à l'Académie de l'Histoire le désigne, comme nous le disions plus haut, pour ajouter à l'édition du *Don Quichotte* publiée par cette compagnie une carte de la partie de l'Espagne où se sont passées les aventures du héros de Cervantes.

La guerre prend l'année suivante une violence particulière et l'Espagne y attache un intérêt spécial parce qu'elle se déroule sur son territoire; aussi notre géographe ne laisse-t-il pas échapper l'occasion de mettre au jour un plan géométrique de Gibraltar, ainsi que du château de San Felipe; il fait paraître en même

---

(1) Sans avoir la prétention de dresser la cartographie de D. Juan López nous indiquerons: L'Ile de St-Christophe et la Barbade 1780. La Martinique 1781, Les Lucayes et les débouquements de St-Domingue 1782, la Terre Ferme ou Castille d'Or 1785, Carte générale de l'Espagne antique même date, Province de la Hacha 1786, Caracas, Carthagène et Venezuela, 1787, Betique et Tauride 1788, Portugal ancien 1789, Bastitania y Contestania, 1795, Nouvelle Espagne, 1803, Environs de México, et une carte de l'Espagne et de Portugal non datée, mais à propos de laquelle il dit: «Para la formación de este mapa, se han tenido presentes varios documentos ó una exposición de las operaciones geométricas por orden de Felipe V, cuya obra se empezó bajo los auspicios del marqués de Ensenada y la executaron los Padres Martínez y de la Vega de la distinguida compañía.....»

(2) Voir la lettre de López adressée à D. Luis de Urquijo publiée en appendice.

temps à l'imprimerie de la Gazette un petit in-4° de 8 pages avec un plan, qui a pour titre: Relation de ce qui s'est passé au débarquement et à la prise de Minorque par les armées espagnoles. Enfin il dresse une table géographique des sierras de Guadalupe où venaient d'être installées des colonies d'émigrants allemands.

C'est le souci de l'actualité qui a guidé López presque toute cette année, car on ne lui doit encore qu'une carte générale des Petites Antilles, une carte générale des Açores en collaboration avec son fils D. Juan. Mais nous voyons Güssefeld copier les cartes de López de l'archevêché de Séville et la Nouvelle Castille en 2 feuilles, comme il le fera en 1782 pour l'Espagne et le Portugal. Ce géographe, s'il copie López, le fait du moins franchement, il ne le démarque pas et cite son auteur.

En 1782, aux cartes de la province de Palencia et de Cabrera il faut ajouter une description du Tage sur laquelle nous devons nous arrêter un peu. C'est un manuscrit assez court qui est demeuré inédit et mérite de le rester; il se trouve dans la Bibliothèque de l'Académie de l'Histoire. C'est une description assez sèche du cours du fleuve, de ses affluents, des provinces et des villes qu'il arrose. Il n'y a là rien à retenir, rien d'original, aucune réflexion qui indique le géographe attentif, qui cherche à se rendre compte du pourquoi des choses (1). Il y rappelle la navigation et l'examen qu'à fait de ce fleuve en 1582 l'ingénieur de Philippe II, Juan Bautista Antonelli.

L'année 1783 est tout à fait remarquable par l'abondance des travaux de López. Un de ces fréquents incendies si terribles dans une ville aux constructions légères a détruit une partie de Constantinople en 1782. López s'empresse, d'après un document original qu'il a su se procurer, de tracer le plan de la ville, avec ses mosquées, l'emplacement des résidences des ministres étrangers et tous les sites remarquables.

---

(1) Ce ms. porte la cote E 166 et se trouve à la p. 130. A la fin on lit: Esta descripción la hizo el Sr. D. Tomás López, geógrafo de los Dominios de S. M. C. y está toda escrita de su puño á excepción de algunas enmiendas y adiciones del puño de D. Joseph Miguel de Flores.

En même temps, le second volume de ses *Principios geográficos* dont nous avons eu l'occasion de parler plus haut, est imprimé chez Ibarra; il publie un plan de la baie d'Alger à propos de l'attaque de ce nid de pirates par le général D. Antonio Barceló (1), puis il passe à l'Amérique de laquelle il donne les tables de la Nouvelle Espagne, des canaux et du lac de Mexico (2), ce dernier destiné à mieux faire comprendre l'Histoire de la conquête du Mexique de Solis, puis il revient à l'Espagne dont il étudie les provinces de Madrid, de Salamanque et de Soria, les partidos de Llerena, de Merida, d'Ocaña et de Villanueva de los Infantes.

Comme on le voit, López est le géographe à la mode, ses cartes ont dû se vendre énormément parce qu'elles étaient supérieures à celles qui existaient déjà et parce que, pour beaucoup de provinces, elles comblent une lacune regrettable dont le public et l'administration surtout se plaignaient à juste titre.

A partir de 1783, l'adresse de notre cartographe change et il demeure maintenant dans le même quartier et tout à côté du domicile qu'il quitte, calle de Atocha, esquina de la Concepción San Gerónimo, casa nueva Santo Tomás, manzana 159, n° 3, en face de la vieille douane. Il continue à habiter sous le même toit que son fils D. Juan qui, tout en publiant pour son compte de nombreuses descriptions topographiques, dut aider son père qui seul, n'aurait certainement pu suffire à tant de besognes.

En 1784, notre géographe continue la représentation graphique de Segura, de Toro, de Xerez, de Zieza, du nouvel évêché de Tudela qui venait d'être érigé l'année précédente par bulle du pape Pie VI, du royaume de Galice, d'une partie de la province de Burgos; en Amérique, de l'île Saint-Domingue, en Europe, de la Turquie.

Aux Archives Historiques à Madrid, nous avons trouvé trace

---

(1) Voir sur cet événement: C. Fernández Duro, *Armada española*, VII, pp. 122 et suiv.

(2) Ces cartes ont paru dans la belle édition de l'Histoire de la conquête du Mexique par Solis que publiait à Madrid D. Ant. de Sancha en 2 volumes in-4, et qui est aujourd'hui assez rare.

d'une gratification faite à López le 14 février 1784 (1) pour avoir gravé la carte qui fut annexée au traité de paix définitif de l'année précédente. Elle figure dans notre cartographie sous la rubrique Yucatan et est extrêmement rare. C'est celle du territoire réservé aux Anglais pour la coupe du bois de teinture, non loin de Belise.

L'année suivante les partidos de Reynosa, de Martos, d'Alcantara, d'Almonacid, de Carrion, de Villanueva, de la Serena, Alcañiz, le campo de Calatrava, le señorio de Molina, les plans de Tudela, de Santo Domingo, capitale de l'île Espagnole, de Puerto Rico, de la Havane, de Mexico et de Madrid voient le jour.

Ce dernier mérite qu'on s'y arrête un instant, en raison et de sa dimension et de son intérêt. Disons d'abord qu'il est dédié à Charles III à qui le présenta son ministre le comte de Floridablanca.

Un grand et beau plan de Madrid avait été publié en 1769 en neuf feuilles par Espinosa. Quoique moins grand d'échelle, celui de López est beaucoup plus complet, plus exact et plus soigné; il comprend un bien plus grand nombre de noms de rues; enfin il est plus commode à consulter. Tous ces avantages ont décidé de son succès qui fut considérable. Ajoutons aux mérites que nous venons de reconnaître qu'il nous permet de nous rendre bien compte des énormes changements que le roi Joseph allait imposer à la topographie de Madrid par ses expropriations de couvents et d'îlots ainsi que ses ouvertures de rues larges et de places qui lui valurent le surnom de *Rey Plazuelas.*

C'est à cette même année qu'il faut rapporter un grand plan de Mexico qui a été levé sur place en 1776 par D. Ignacio de Castera sur l'ordre du comte de Tepa, alors auditeur de l'Audience royale du Mexique, et devenu à cette époque membre du Conseil des Indes. On comprend facilement que ce personnage n'ait pas voulu laisser inédit un plan géométrique aussi sérieusement

(1) Orden á D. Santiago Barufaldi para que se gratificase á D. Tomás López con 600 rs. por el grabado del mapa que se puso en el tratado definitivo de paz. Archivos históricos. Négociations de 1783, nº 4235.

dressé et qu'il ait confié à López le soin de lui faire voir le jour.

En 1786, paraissent chez la veuve d'Ibarra deux volumes in-8° de Tomás López qui ont pour titre: *Cosmografía abreviada; Uso del globo celeste y terrestre* (1). Dans son prologue, l'auteur décrit l'objet de son travail et donne une bibliographie fort étendue des ouvrages qu'il a consultés; c'est même ce qu'il y a de plus intéressant, car on y trouve réunie une collection fort importante de cosmographies dont on chercherait vainement ailleurs la liste. Le tome 2 comprend un traité de géographie générale avec les cartes correspondantes. Il n'offre plus guères aujourd'hui qu'un très médiocre intérêt, d'autant plus que l'auteur, comme nous avons eu l'occasion de le dire, n'est pas un novateur et qu'on ne lui doit aucune de ces vues fécondes qui renouvellent une science.

CHAPITRE VI

La carte d'Estrémadure du marquis de Ustariz.—Colonies de la Sierra Morena.—Dédicace par J. López au Cte de Floridablanca de sa traduction de Strabon.—Ouvrage historique sur la province de Madrid.—Floridablanca en refuse durement la dédicace.—La carte de l'évêché de Badajoz et Godoy.

Le ministre chargeait López de certaines missions de confiance au sujet d'affaires pour la solution desquelles il n'avait ni les capacités spéciales, ni le temps de s'occuper; c'est ainsi que lui fut confié, en 1787, le soin d'examiner une carte manuscrite de la province d'Estrémadure du marquis de Ustariz et de faire un rapport sur cette carte qui n'était, dit notre géographe, qu'une mauvaise copie de celle que lui-même avait publiée en 1766. Dans sa lettre d'envoi au Comte de Floridablanca il assurait qu'il n'existait aucune carte de la province levée astronomiquement et que celle qui servait pour les divers services du gouvernement était la sienne. Elle contenait un certain nombre d'erreurs, qu'il avait corrigées, sur la situation de plusieurs pueblos et leurs distances respectives. Nous ne savons quelle sanction fut donnée

(1) Bibliothèque nationale de Madrid. C. 5830.

à l'avis motivé de López, et quant à la carte du marquis de Ustariz, elle ne se trouve plus dans la liasse des Archives historiques où nous avons rencontré ce document.

Les plans de Quito et Vera-Cruz, parties des provinces de Leon et de Valence, le partido de Ponferrada, le gouvernement de San Mateo, l'adelantamiento de Cazorla, les cotos de Roas, de Cosedo, de Garabones, de Courel, de Castrotorafe, telles sont les publications de López en 1786; ce sont des cartes de détail, de localités peu importantes et sans comparaison avec celles du royaume de Jaen et du partido de Santo Domingo de la Calzada qu'il mit au jour l'année suivante.

Nous devons faire remarquer que sur la carte du partido de Jaen sont indiquées les: «Poblaciones de la Sierra Morena». Vingt ans auparavant, le gouvernement espagnol avait conclu avec un aventurier bavarois nommé Thürriegel un traité par lequel celui-ci s'engageait à lui fournir entre 1767 et 1769, 6.000 colons flamands et allemands catholiques. Ceux-ci descendirent par Schlestadt, Lyon et Cette où ils s'embarquèrent pour Málaga et Almería. Les colonies furent fondées dans la Sierra Morena, dans la Bétique au sud du Guadalquivir, dans les environs de Cordoue et d'Ecija. Le nombre des émigrants s'éleva à 10.000 qui se fondirent bientôt dans la population. On retrouve encore dans les localités des noms de forme étrangère; il serait curieux de rechercher s'il ne subsiste pas aussi dans la langue et dans les mœurs des traces de l'origine exotique des habitants (1).

Juan López, le fils aîné de notre cartographe, s'était adonné à l'étude du grec, comme nous l'avons dit; il avait étudié tout particulièrement dans Strabon le troisième livre qui est consacré a

---

(1) On trouvera de précieux renseignements sur ce curieux épisode dans un article de l'écrivain colonial allemand Paul Langhans intitulé: *Die Deutsche Kolonien in Andalusien.... aus dem 18 Jahrhundert* publié dans: *Die Deutsche Erde*. VI. Gotha, p. 133 (1 carte 1 pl. 2 fig) et dans lequel il résume: Joseph Weiss: *Zur Entstehungsgeschichte des durch Joh-Kasp. Thürriegel eingeführten deutschen Kolonie an der Sierra Morena*, dans *Historisch politische Blätter für das Katholische Deutschland*, CXXXVIII, München, 1906.—*Die deutsche Kolonie an der Sierra Morena und ihr Gründer* dans: *Vereinsschrift der Görres-Gesellschaft*. Cologne, 1907.

la géographie de l'Espagne. Il en avait même fait une traduction qu'il désirait publier: il détermina son père à écrire le 9 mai 1787 (1) au comte de Floridablanca, le célèbre ministre qui le protégeait, afin de lui demander pour son fils la permission de lui dédier cette traduction avec les notes de Casaubon et celles du jeune géographe qui avait identifié les noms de lieux anciens, ainsi qu'une carte relative à cette partie de l'œuvre de Strabon. López adressa donc au ministre les bonnes feuilles *(capillas)* et la dédicace, afin qu'il pût y faire les corrections qu'il jugerait nécessaires.

Le 16 mai, c'est-à-dire sept jours plus tard, Juan López recevait l'autorisation qu'il avait prié son père de solliciter pour lui. Cet empressement est la marque de la considération que professait la comte de Floridablanca pour Tomás López, et c'est pour cela que nous avons parlé d'un incident qui, sans cela, ne mériterait pas d'être relaté. Et d'ailleurs le géographe, quelques semaines avant le 10 février, avait écrit au comte de Floridablanca une lettre en faveur de son second fils Tomás Maurice, dont le second volume de Géographie générale venait de paraître.

L'année 1788 est marquée par la publication de deux cartes d'Espagne et d'un plan de Séville en six feuilles, œuvre recommandable et qui fait honneur à López. Mais l'année suivante n'est pas heureuse pour notre cartographe. Depuis longtemps il préparait un gros travail sur la province de Madrid. Avant de le publier, le 5 avril, il envoya au comte de Floridablanca, qui avait toujours été bon pour lui, les deux volumes, en lui demandant la permission de les dédier au Roi, et il lui soumit en même temps son épître dédicatoire.

Les Archives historiques contiennent la note autographe du ministre concernant cette demande, elle est plutôt sévère: Il relevait nombre d'erreurs, accusait T. López d'avoir mal copié les guides pour les étrangers et les états militaires et l'engageait à se consacrer désormais exclusivement à ses travaux cartogra-

(1) *Archivo histórico*, 3241, 10, 11, 12.

phiques. «Por lo poco que he visto, ajoutait Floridablanca, esta obra recele que tenga mil defectos y que sea mas una mala copia ó traducción de lo que otros han hecho que un libro original ó mediano. Adopta seguir enunciativas mucha parte de las fábulas de nuestro origen..... Dígale que..... antes de publicar la obra le conviene por su honor y el nuestro que alguna mano hábil y exacta la purifique». Le secrétaire adoucit un peu les termes de la dure opinion que s'était faite le ministre, mais en renvoyant à López les deux volumes il ajoutait dans une lettre du 16 mai, textuellement, la fin de la note que nous venons de citer.

Peindre le désespoir de López, du *pauvre* López, comme le qualifie Floridablanca, est difficile; nous préférons analyser l'humble réponse qu'il fit au ministre deux jours plus tard. Il s'excuse en disant qu'il avait soumis son travail à une Académie de cette ville et regrette qu'elle n'ait pas censuré plus sévèrement l'œuvre d'un de ses membres qui lui appartient depuis plus de vingt ans. Il termine en protestant qu'il se consacrera (1) dorénavant à ses travaux de géographie mathématique. On sent sous le masque respectueux et diplomatiqne dont il se couvre toute la déconvenue, toute la rancœur de l'écrivain: son amour-propre d'auteur est blessé et il craint en même temps d'avoir déchu dans l'estime de son protecteur et de se l'être à jamais aliéné. Les deux volumes furent si bien détruits, ainsi que l'épître dédicatoire qui les accompagnait, qu'on ne saurait rièn de cet incident désagréable, si nous n'avions retrouvé aux Archives historiques la correspondance qui y est relative et qui se trouve dissimulée au milieu de pièces complètement étrangères à ces matières.

La disparition totale de l'ouvrage ne nous permet pas d'apprécier si la sévérité du ministre était justifiée; elle devait l'être cependant puisqu'il n'avait à l'égard de López qu'une extrême bienveillance, et nous savons par d'autres exemples que ce dernier manquait plutôt de critique.

---

(1) Tampoco no me ocuparé de hoy en adelante más que en mi Geografía exacta, esto es, en la composición y construcción de mapas, y si alguna vez escribo, no será de la geografía histórica ni cronológica, pero sí de la que pertenece al ramo de matemáticas.

Nous n'aurions à mentionner pour 1789 qu'une petite carte des environs de Madrid publiée dans la *Guia de forasteros* et une table du Portugal ancien avec sa correspondance moderne, si nous ne trouvions un nouvel exemple du goût que professaient les Allemands pour les œuvres de notre géographe: c'est une reproduction de sa carte du Maroc et des autres états barbaresques publiée à Vienne chez les héritiers de F. A. Schrœmbl.

Les années 1790 et 1791 ne virent éclore que la carte générale de l'Espagne, celles d'Afrique, de Puerto Rico et celle de l'Europe. Les événements dont la péninsule reçoit le contre-coup ne sont d'ailleurs pas favorables au genre de travaux dont s'occupe López, aussi cherche-t-il à exploiter une nouvelle branche de la cartographie. Il publie un Atlas élémentaire moderne en 27 cartes dans lequel il s'efforce de donner aux enfants une idée de la sphère. C'est en vain que nous avons cherché cet ouvrage à la Bibliothèque nationale de Madrid, à celle de Paris et à l'Académie de l'Histoire. C'est ce qui explique la pauvreté de nos informations sur cet ouvrage. Nous verrons d'ailleurs López faire quelques années plus tard une nouvelle incursion dans la géographie scolaire.

Soit que l'âge ait amorti l'activité de notre géographe, soit que ses travaux ne reçussent plus du public le même accueil—on se lasse de voir les mêmes hommes publier sans cesse des travaux du même genre et López était depuis près de quarante ans sur la brèche—nous n'avons à noter pour 1792 que deux cartes d'Espagne et de l'archevêché de Tolède, en 1793, qu'une carte générale de l'archipel des Baléares, et en 1794, en collaboration avec son fils Juan celles du pays de Labour et du Conflant, ainsi que des deux Cerdagnes, le plan de Collioure c'est-à-dire de régions sur lesquelles la guerre avec la France attirait l'attention d'une façon particulière. C'est avec le même constant souci de l'actualité que Thomas López publie avec son fils Juan un plan de Toulon dont la flotte espagnole, de concert avec celle de l'Angleterre et avec l'aide des royalistes français, venait de prendre possession. Les événements si graves dont cette ville fut, à cette époque, le théâtre, justifient éloquemment la publication des deux géographes qui avaient à cœur de tenir leurs contemporains au courant de tous les faits historiques.

Quant à la carte du Partido y Obispado de Badajoz par son fils D. Juan, López l'avait adressée le 18 octobre 1794 avec un «romance histórico» au Ministre duc de la Alcudia, ce qui s'explique facilement puisque Godoy était né à Badajoz. Instruit par sa mésaventure avec Floridablanca, López promettait cette fois de n'imprimer aucun exemplaire sans avoir reçu les ordres du ministre. Dans sa réponse du 19 octobre le duc autorisa la publication de la carte, mais non celle du romance qu'il ne tenait pas pour opportune. Décidément le pauvre López n'avait pas de chance, il se le tint pour dit et répondit qu'il se conformerait aux ordres reçus et ferait si bien disparaître le mémoire que personne ne le verrait (1). Il tint si exactement parole qu'on n'en entendit jamais parler.

Seule parut la carte de l'évêché de Badajoz dédiée à Godoy.

CHAPITRE VII

Création d'un Cabinet géographique: la part qu'y prennent López et ses deux fils.—Rapport à l'Académie de l'Histoire sur la carte de l'Amérique de Cruz.—Sa fin misérable.—Justice posthume.—Atlas antiquus.—Derniers travaux.—Mort de Tomás López.

L'année suivante, Tomás et son fils Juan sont occupés à dresser la liste des cartes à réunir pour former une sorte d'Archives géographiques dans le Ministère qu'occupait Godoy, ainsi qu'il résulte d'une lettre adressée au Prince de la Paix le 9 décembre 1795 par Juan López. Cette information intéressante nous est confirmée par la lettre de Tomás adressée en 1799 à D. Luis de Urquijo dans laquelle il nous fournit sur sa propre carrière, sur celles de ses fils Juan et Tomás Mauricio de précieux renseignements. Nous y voyons que ce sont eux qui ont inspiré à Godoy l'idée d'annexer à sa Secrétairie d'état un *Cabinet géogra-*

(1) Ocultaremos el romance de manera que nadie le verá.—*Archives historiques*, 3241.

phique tel qu'il en existe à Paris et à Londres, et où devaient être conservés les meilleurs travaux de l'époque. A cette occasion, les appointements de Tomás furent fixés à 12.000 réaux, ceux de son fils Juan, qui lui fut adjoint pour organiser le nouvel établissement, à 8.000, tandis que le second fils de López qui s'était déjà acquis quelque notoriété par la publication d'un certain nombre de cartes et d'une Géographie universelle entrait sans solde. Le Cabinet n'était pas encore ouvert, les réglements n'étaient même pas encore signés, le personnel qui devait le desservir n'était même pas encore nommé en 1799, et c'est afin de sauver ses intérêts et ceux de ses fils que López écrivait à cette époque la supplique que nous reproduisons en appendice.

Certains papiers qui furent offerts en 1904 à la Société de géographie de Madrid en même temps que la carte des PP. Martínez et de la Vega étaient, s'il m'en souvient bien, relatifs à cette création d'un Cabinet géographique. A la même époque, Godoy chargeait l'ambassadeur d'Espagne à Londres d'y faire rechercher les cartes géographiques intéressantes. C'est un ancien capitaine de vaisseau, membre de la Société royale de Londres, D. Josef de Mendoza Ríos qui recut cette mission. Naturellement, il recueillit des cartes marines qui lui paraissaient précieuses entre toutes, dont il dressa en 1796 le catalogue manuscrit que nous avons eu entre les mains. Elles forment encore aujourd'hui au Ministère d'Etat un fond très riche dont certaines pièces sont fort rares. Il y a là une collection de cartes surtout anglaises, infiniment précieuses. Nous n'avons pas de raisons pour croire que les ambassadeurs espagnols dans les différentes cours étrangères ne furent pas chargés de recherches identiques, comme cela parait vraisemblable, mais, à notre connaissance du moins, il n'y en a pas trace aux Archives du Ministère d'Etat.

Une carte du royaume de Grenade, l'apparition de la troisième édition des *Principios geográficos* marquent l'année 1795.

En 1796, López est surtout absorbé par ses nouvelles fonctions—il fut nommé le 25 novembre 1796 trésorier de l'Académie de l'Histoire—au point de ne publier que des cartes de Suisse, de Sicile, de l'ile de Sardaigne et de la république de Gènes et l'année suivante celles du royaume de Cordoue et de l'évêché de Plasencia.

A la même époque, notre géographe fut chargé de faire un rapport sur la carte d'Amérique (1) qu'avait dressée et gravée en 1765 son ancien compagnon d'apprentissage à Paris, D. Juan de la Cruz Cano y Olmedilla, c'est notre très cher ami D. Cesáreo Fernández Duro qui a le premier, au tome VII de son *Armada española*, reproduit in extenso ce rapport en l'accompagnant de documents infiniment curieux sur la vieillesse et la pauvreté du très honnête et très scrupuleux D. Juan de la Cruz.

López et Cruz ayant été chargés par le marquis de Grimaldi d'examiner une carte d'Amérique en 4 feuilles qu'avait dessinée et enluminée le capitaine de vaisseau Milhaud, y relevèrent d'importantes erreurs dans les coordonnées d'un certain nombre de villes. Cela fit réfléchir le ministre qui voulait faire graver ce document. Sur ces entrefaites, nos deux amis reçurent la mission de dresser une carte de l'Amérique; ils commencèrent à travailler ensemble, chacun se chargeant d'une partie de la carte à exécuter. A un moment donné, López ayant constaté de notables différences entre sa manière d'envisager le travail et celle de Cruz, laissa ce dernier s'en occuper seul et lui transmit tous les documents qu'il avait en sa possession.

Le travail dura dix ans, et le malheureux Cruz ne toucha, en plusieurs fois, que la misérable somme de 18.000 réaux, alors qu'à l'étranger des ouvrages de cette nature enrichissaient leur auteur et le couvraient d'honneurs.

La carte terminée, le gouvernement en fit imprimer un certain nombre d'exemplaires qu'il distribua aux ambassadeurs, ministres et personnages influents.

Mais la guerre avec le Portugal venant d'éclater, on s'apérçut que la carte de Cruz ne favorisait pas les prétentions espagnoles en Amérique; on s'empressa donc de décrier un travail dont on avait été pleinement satisfait; on la retira de la circulation, on chercha même à rattraper les exemplaires distribués et l'on

(1) Académie de l'Histoire E. 175, p. 151 et suiv.

répandit le bruit qu'elle était fort inexacte, alors que le vrai défaut qu'on y trouvait c'était le dessin des frontières tracé par l'auteur avec indépendance et avec le seul souci de l'exactitude.

Les deux gouvernements s'entendirent pour envoyer sur les lieux des missions chargées de tracer de nouvelles frontières, et la carte fut mise sous scellés.

On comprend tout le préjudice porté au pauvre Cruz qui, chargé de famille, ne reçut plus aucune commande du gouvernement.

López, après avoir raconté l'histoire de cette carte d'Amérique, se met à apprécier, dans son rapport, les différentes parties de l'œuvre de Cruz. Il n'est pas toujours d'accord avec l'auteur; mais il reconnait avec impartialité que celui-ci n'a pas eu à sa disposition certains documents arrivés postérieurement à la rédaction de sa carte et qu'à l'époque où il travaillait, il était impossible de se faire des localités une idée plus juste, d'avoir une appréciation plus saine. Très bien fait et très complet, le rapport de López fait grand honneur à son impartialité, à son amitié pour son vieux camarade. Malheureusement la justice, que les poètes représentent boiteuse, arrive souvent trop tard. Ce fut le cas pour l'infortuné Cruz qui, après avoir vainement poursuivi la création d'un Dépôt de cartes et plans au Ministère de la marine, s'était décidé, poussé par la famine, à écrire une lettre navrante et cependant fière au ministre Floridablanca le 3 octobre 1787, supplique qui lui valut une aumône de 750 réaux. Il mourut le 13 février 1790, laissant une veuve et sept enfants dans une extrême indigence.

López ne fut pas le seul à reconnaître le mérite du travail de Cruz; en 1802, D. Francisco Requena avait été chargé de l'examiner et d'y faire les corrections nécessaires. On peut résumer son avis très éloquemment motivé par cette phrase textuelle: «elle fait honneur à la nation, au Ministre qui en ordonna l'exécution et au géographe qui la dressa avec une science, une abondance des détails, un soin méticuleux. A l'époque où elle fut publiée, il était impossible de mieux faire». Enfin le capitaine de vaisseau et hydrographe Bauza, dans son discours de réception à l'Académie de l'Histoire, en 1807, dit que Cruz mourut avec le regret de voir qu'on ne rendait pas justice à son mérite; les Anglais, ajoute-t-il, en copiant sa carte, l'ont fait connaître à l'Europe et aux Espagnols eux-mêmes.

López a donc été le premier à louer comme il convenait l'œuvre de son camarade de jeunesse, et l'histoire de cette carte est assez curieuse et, ajoutons-le, assez tragique, pour qu'on nous pardonne de nous être arrêté quelque peu à la conter.

Notre cartographe, en bon père de famille, ne perd pas l'occasion de vanter ses enfants; c'est ainsi que dans une lettre du 21 février 1797, il présente au Prince de la Paix le second volume de la Géographie générale que vient de publier Thomas Maurice et le recommande très chaudement à la bienveillance du Ministre.

L'année suivante, nous devons porter au compte de Tomás López une carte de la province d'Estrémadure, une «España abreviada» dans la *Guía de forasteros*, et en 1801 une carte de l'évêché de Mechoacan d'après le manuscrit de D. M. Ignacio Carranza, ainsi que son Atlas élémentaire antique en un volume in-4°.

Dans un avis au lecteur, l'auteur a soin de citer les écrivains sur lesquels il s'est appuyé, au premier rang desquels il place d'Anville et Bonne qui, dit-il, «han sido la norma principal de esta colección». Il est convaincu que l'étude de la géographie ancienne peut être fort utile aux enfants; aussi commence-t-il par leur donner une idée chronologique, pour employer ses propres expressions, de l'histoire ancienne, puis il la fait suivre d'un index de plus de 2.800 noms latins de villes, montagnes, rivières, etc., avec leur identification moderne, travail qu'il a tiré des tables du censeur royal M. de Grace et de l'abrégé de géographie ancienne de d'Anville.

Voulant que cet atlas fît pendant à l'Atlas élémentaire qu'il avait publié, López y réunit 26 cartes et lui donna même dimension; nous publierons dans notre cartographie la liste des cartes contenues dans ce volume. La dernière œuvre de T. López, publiée de son vivant, est une carte de la Terre Ferme et de ses provinces de Darien et de Veragua, encore ne sommes, nous pas certain qu'elle n'ait pas vu le jour auparavant; car l'auteur dit: *nuevamente dado á luz y corregido.*

Le 18 juillet 1802 Tomás López s'éteignait à l'âge de 71 ans; il fut enterré à Madrid le 20 du même mois; il laissait deux fils, Juan et Thomas Maurice, dont nous avons eu plusieurs fois l'occasion de parler au cours de cette étude, et qui continuèrent une carrière géographique très honorable. Le succès des œuvres de López lui survécut. En 1810 ses fils publièrent un atlas dans lequel ils avaient réuni les plus importantes de ses productions, mais qui ne comprend guère que des cartes générales, avec la grande carte d'Espagne à 1/230.000. La plupart des cartes particulières et notamment toutes celles des possessions des Ordres militaires religieux sont aujourd'hui dispersées et on les trouve souvent avec les manuscrits originaux, dans divers dépôts espagnols que nous avons visités. Deux éditions de cet atlas ont été données, l'une en 1830 avec cette mention: seconde édition corrigée par ses fils, l'autre a été publiée en 1844 par D. Tomás Beltrán Soler. Furent également éditées à nouveau en 1808 sa carte d'Espagne avec un plan de Gibraltar en cartouche, publication d'actualité, pour servir, dit la légende, à l'intelligence des opérations militaires, et la carte de la principauté de Catalogne en 1816.

Dans l'énumération des travaux de Tomás López, nous n'avons pas la prétention d'être complet et certaines de ses œuvres ont forcément dû nous échapper. Dans un exemplaire de ses *Principios geográficos* parus en 1795, nous avons en effet rencontré une liste fort nombreuse de ses publications qui n'est pas complète d'une part, qui, de l'autre, annonce quantité de cartes qui sont de son fils Juan, et même la *Description de la province de Madrid* en 2 vol. gr. in-8° que nous savons avoir été détruite (1).

(1) Parmi les travaux de Tomás ne sont indiquées ni la carte d'Amérique de 1772, ni celle du Chili de 1775; par contre, on y rencontre St-Christophe, La Martinique, les débouquements de St-Domingue, la Castille d'or, le Rio de la Hacha qui sont l'œuvre de son fils Juan, aussi bien que le troisième livre de Strabon qui est cependant attribué au père.

CHAPITRE VIII

Conclusions. Appréciation de l'œuvre de López. – Valeur de son Atlas national. —Les critiques à lui adresser.—Jugement d'Antillon. —Intérêt de l'œuvre du géographe.

Notre travail ne serait pas complet si nous ne recherchions quelle place Tomás López doit occuper parmi les géographes espagnols; quels sont ses mérites et ses défauts.

Il est absolument incontestable que la géographie doit beaucoup à López. On possédait jusqu'alors dans la péninsule un grand nombre de cartes particulières des provinces d'Espagne dont certaines ne manquaient pas de mérite; celles même qui étaient les meilleures ont servi à notre cartographe qui les a complétées et rectifiées. Très fructueuse a été l'enquête qu'il a instituée auprès des membres du clergé; ceux-ci lui ont fourni quelques bonnes représentations de leurs diocèses, sur lesquelles ils ont placé approximativement dans leur position relative quantité de localités qui jusqu'alors ne figuraient pas sur les cartes.

Mais, il faut bien l'avouer, aucun de leurs renseignements n'avait de valeur scientifique. Ils étaient en effet incapables, et ce n'est pas un reproche que nous leur adressons ici, n'ayant pas fait les études nécessaires, de pratiquer la moindre observation astronomique ou trigonométrique. Ce n'est donc là que de la géographie par renseignements, comme nous disons aujourd'hui; de ces informations, López a tiré le meilleur parti possible en les discutant dans son *laboratoire*, selon l'expression de Lelewel, en les compararant entre elles et cherchant la situation vraie en s'appuyant sur un certain nombre de positions astronomiques dont il était certain, du moins comme on pouvait l'être à cette époque.

On m'objectera que nos grands géographes G. Delisle et d'Anville n'ont pas fait autre chose. A cela je réponds qu'ils étaient infiniment plus difficiles sur la qualité de leurs observateurs et qu'ils s'entouraient de garanties autrement sérieuses. Les mémoires, notamment, qui accompagnent les principales cartes de d'Anville sont des modèles de discussion scientifique et de critique éclairée; ce sont eux qui ont fait sa réputation et qui ont conservé à ses œuvres, jusqu'à nos jours, une valeur de bon aloi. Antillon, qui commença de travailler au moment où López s'éteignait, a laissé d'excellents mémoires sur sa carte d'Europe, sur la Méditerranée, etc., qui serviront toujours d'exemples à citer. Nous ne sachions pas que López se soit jamais livré à pareil labeur, s'il l'a fait nous n'en trouvons pas trace, et ses œuvres, si elles sont précieuses par l'abondance des informations, ne valent pas la carte de France qui se dressait à la même époque sous la direction de Cassini et par les soins d'ingénieurs et d'arpenteurs qui avaient une autre valeur que les correspondants de rencontre de notre cartographe. Il a du moins eu la volonté de doter sa patrie d'un atlas national qui lui faisait défaut, car les diverses tentatives qui avaient été faites à différentes époques avaient toutes misérablement avorté. Les résultats géographiques, administratifs, économiques de cette œuvre ont été énormes, et l'on ne saurait trop insister sur ce point. Cet atlas a cependant deux défauts considérables: l'un est le manque d'échelle unique, si bien qu'il est impossible d'assembler les cartes particulières et qu'on ne peut se rendre compte des dimensions relatives des diverses provinces (1); le second c'est l'absence d'un unique méridien initial, López adoptant, sans qu'il en donne la moindre raison, tantôt celui du Pic de Teyde, tantôt celui de Madrid.

L'exécution de cet atlas n'a pas duré moins d'une quarantaine d'années et, par conséquent, on peut lui adresser le reproche de manquer d'unité soit en raison des méthodes et des procédés employés, soit au point de vue historique.

---

(1) Nous rappellerons qu'en 1875, à l'Exposition géographique installée aux Tuileries à propos du Congrès international de géographie, on put voir assemblée la grande carte de France à 1/80000 publiée par l'Etat-Major. Très beau et très instructif spectacle qui a démontré la perfection de ce travail qui fait grand honneur à la science de nos officiers! Il serait, en raison de la différence des échelles et du méridien initial, impossible de montrer le tableau de l'Espagne auquel López a travaillé toute sa vie.

On sait qu'au milieu du XVIIIe siècle la représentation des montagnes sur les cartes géographiques était dans l'enfance, les chaines et les cordillères n'étaient que des sortes de chenilles uniformément tracées, qui ne pouvaient donner aucune idée de la hauteur relative des pics et de l'importance des massifs; et cela se comprend facilement, car on ne les avait pas encore explorés scientifiquement. C'est plutôt un schema, et ce dessin est assez voisin des lignes plus ou moins droites qui nous servent aujourd'hui à représenter la direction des diverses chaines sur certaines cartes très concrètes.

Il faut avouer d'ailleurs que la représentation des montagnes est l'écueil de nos cartes contemporaines, tantôt elles sont trop poussées au noir et on ne peut plus lire la nomenclature, tantôt la gamme des couleurs est impuissante à représenter les différences de niveau. Quant aux courbes hypsométriques, leur emploi était alors inconnu, et l'on ne peut songer à s'en servir si l'on n'a pas rassemblé la quantité d'altitudes suffisante pour pouvoir représenter les massifs, les altitudes et les dépressions.

Ainsi donc l'absence d'orographie sur les cartes de López n'est pas un défaut qui lui soit personnel et on ne peut le lui reprocher.

Dans une très érudite étude consacrée par Antillon à la carte d'Aragon levée par Lavaña (1), il est forcé de reconnaitre que la carte de cette province publiée par López est inférieure de beaucoup à celle de son devancier. En effet, López, qui n'avait pas reconnu le terrain, qui n'avait pas fait d'observations astronomiques, composa son œuvre en se servant d'abord de celle de Lavaña, puis de celles de d'Anville et de quelques autres, ce qui l'amena à multiplier les erreurs et à produire un travail qui laisse considérablement à désirer. «Quand on examine en détail la carte de López, on y trouve un très grand nombre de villages placés très loin de l'endroit où il devraient se trouver, leurs distances respectives ne sont pas scrupuleusement exactes; il en

(1) Noticias históricas sobre el Mapa que levantó en el siglo XVII el cosmógrafo Juan Bautista Lavaña. Pág. 16 des *Variedades de ciencia, literatura y artes* pour l'année 1804. In-8°, Bibliothèque nationale de Madrid.

est de même du cours des rivières, de la direction des montagnes, des limites des corregimientos ou des diocèses, enfin la nomenclature est si outrageusement altérée qu'on la croirait bien plutôt écrite sur les bords du *caudaloso Sena* que sur les rives de l'*escaso Manzanares*. Les divisions de Lavaña n'étaient plus exactes au XVIIIe siècle, quantité de noms de rivières importantes brillent par leur absence et toutes les positions astronomiques ont subi sur la carte de 1765 un bouleversement considérable, ce qui tient à ce que Saragosse est 10' plus au nord et 3° 15 plus à l'ouest que sur la carte de Lavaña; toute la carte a dû subir une altération proportionnelle, ce qui ne se comprend pas puisqu'il n'a pas été fait d'observations astronomiques dans le pays depuis l'époque où Lavaña faisait les siennes à la *Torre nueva* de Saragosse. Enfin López emploie des lieues aragonaises de dix-huit au degré, produit de son imagination, car il n'existe pas sur la province d'autre document géographique et astronomique que celui publié par son devancier qui s'est servi des lieues communes d'Espagne de dix-sept et demie au degré.

Telles sont les principales critiques que fait Antillon de la carte d'Aragon dressée par López, et l'on doit avouer qu'elles sont absolument justes. Si l'on avait possédé des représentations d'autres provinces d'Espagne aussi scrupuleusement exactes que celle d'Aragon, un critique sérieux aurait pu instituer un travail de comparaison aussi fructueux entre celles-ci et celles de López, et je ne doute pas qu'il serait arrivé à des conclusions identiques.

Avant Thomas López, il n'existe pas une seule carte d'Espagne à une aussi grande échelle et qui renferme une telle quantité d'informations. Certes, nombreux sont les défauts, mais énorme fut le travail, considérables ont été les services rendus. Si ce très laborieux auteur ne fut qu'un cartographe et non pas un géographe, s'il ne sut pas toujours faire un choix judicieux entre les renseignements qui lui parvenaient, s'il manque souvent de critique, s'il n'eut aucun de ces aperçus ingénieux qui jettent un jour nouveau sur une science et qui préparent sa transformation et sa rénovation, il eut au moins le mérite peu ordinaire d'avoir doté sa patrie d'un instrument de travail, incomplet, j'en conviens, mais qui fut des plus utiles aux administrateurs, aux économistes, aux historiens et aux géographes. On doit lui en savoir le plus grand gré. Il ne faut ni le louer outre mesure ni le rabaisser systématiquement, et l'on doit, pour le juger, se placer dans son milieu, à son époque, et l'on pourra conclure en disant que si Tomás López ne fut pas un géographe de premier ordre, il a du moins rendu à la science d'incontestables services.

GABRIEL MARCEL.

APPENDICES

Excmo. Sor.

Señor: Al precepto de V. E. de 1.º de Enero de este año, debo decir con todo respeto lo siguiente, sujetandolo a su saber y generosidad.

Primero. El Excmo. Sor Marques de Villarias, primer Ministro de Estado y de Gracia y Justicia, me hizo dar estudios y, en el año de 1752, habia ya hecho un curso de matematicas en el Colegio imperial con el P. Werling, en cuyo tiempo fui enviado a Paris con otros, por el Marques de la Ensenada, para estudiar Geografia y levantar el Mapa de España, por proposicion que habian hecho Dn Jorge Juan y D. Antonio de Ulloa.

Estuve nueve años en aquella ciudad, asistiendo puntualmente al Colegio de Mazarin, á las lecciones públicas de Geografia y al estudio de Mr d'Anville, en donde desempeñé mi obligacion á gusto del Excmo. Señor Dn Jayme Masones de Lima, nuestro Embaxador. Vine a Madrid el año de 1760 y el Rey me concedió, por disposicion del Sor Marques de Squilace, cien doblones de pension que gozo. Despues, el año de 1785, el Sor Conde de Floridablanca alcanzó de S. M. me diesen cien doblones, con agregacion á la secretaria de Estado, interin se fundaba la Academia de las Ciencias, en premio de mis trabajos públicos y particulares que he hecho en esta secretaría.

Segundo. Llevado del amor que tengo á mi profesion, incliné á mi hijo Dn Juan Lopez á que siguiese la misma: despues de haberse instruido en las Humanidades y en la lengua griega, estudió dos años de matemáticas en Sn Isidro el Rl con Dn Antonio Rosell, instruyendole en cosa de la geografia. De cuenta de sus adelantamientos al Sor Conde de Florida-

Blanca quien dispasó pasase á perfeccionarse á Paris y á Londres, siempre con el objeto de hacerle miembro de la Academia de las Ciencias: le señaló para este viage ocho mil reales, y cumplió con las obligaciones de su comision, como es notorio. A su regreso á España, le continuó el Conde de Aranda los ocho mil reales de pension, y siguió publicando sus tareas geográficas. Hace más de tres años y medio que el Excmo. Sor Principe de la Paz tuvo el loable pensamiento, inspirado por nosotros, de establecer un gabinete geográfico anexo á su Secretaria, como lo hay en Paris y en Londres, con las circunstancias que V. Exc. sabe y escuso repetir, convirtiendo su pension en sueldo fixo de ocho mil reales y encargando á mi hijo la coordinacion de este nuevo Establecimiento, en que está entendiendo desde entonces con auxilio mio.

Tercero. Llevado igualmente del pensamiento de que no acabe este exercicio, le dediqué tambien á él á mi hijo menor Dn Tomás Mauricio Lopez, haciendo los propios estudios que el mayor, publicando varios mapas, y empezando una geografia universal, de la que lleva escritos y dados á luz tres tomos. Padeció una enfermedad grave hace dos años, por lo que el Sor Principe de la Paz tuvo por conveniente que se le admitiese en los trabajos de dicho gabinete, y desde aquel tiempo asiste con su hermano sin sueldo alguno.

Resuelta de este contenido que tengo 12 mil; que mi hijo mayor tiene ocho mil reales y nada mi hijo menor. Entretanto que llega el tiempo de la abertura de este Gabinete, y se les imponen leyes para su mejor gobierno, seria oportuno crear las plazas de individuos que le han de componer, arreglados los sueldos á los que tienen el primer Archivero de Estado, el segundo, tercero, etc., para dar con este incentivo fuego y vigor á un Establecimiento digno de la atencion de V. E. que por otra parte le hará bien mucho honor. En estos sueldos se invertirian los que ya gozamos, y no seria tan dura la concesion. Perdóneme V. E. que no le diga nada sobre lo que hemos trabajado hasta ahora, pues esto, segun nuestro modo de pensar, nos seria muy bochornoso y deseamos que nos sirva de mérito, como á los empleados en otras oficinas.

V. E. dispondrá lo que fuere de su agrado, y ofreciéndome á sus órdenes, ruego á Dios le ge ms as. Madrid 3 de Enero de 1799.

Excmo. Señor

B. M. de V. Ex.

su más rendido servidor

Tomas Lopez.

Excmo. Sor Dn Mariano Ruiz de Urquijo.

Archives historiques. Madrid 2623-15.

INTERROGATORIO

1. Si es Lugar, Villa o Ciudad, á que Vicaria pertenece, si es Realengo de Señorio o mixto, y el numero de vecinos.

2. Si es cabeza de Vicaria o Partido, Parroquia, Anexo, y de que Parroquia, si tiene Convento, decir de que Orden y Sexo, como tambien si dentro de la poblacion o extramuros hay algun Sanctuario o Imagen celebre, declarar su nombre y distancia; asi mismo el nombre antiguo y moderno del Pueblo, la advocacion de la Parroquia y el Padron del Pueblo.

3. Se pondra quantas leguas dista de la principal o Metrópoli, quanto de la Cabeza de la Vicaria, quanto de la Cabeza del Partido y quantos quartos de leguas de los Lugares confinantes, expresando en este ultimo particular los que estan al Norte, al Mediodia, Levante o Poniente, respecto del Lugar que responde y quantas leguas ocupa su jurisdiccion.

4. Dira si está á orilla de algun rio, arroyo o laguna, si á la derecha o á la izquierda de el, baxando agua abaxo; donde nacen estas aguas, en donde y con quien se juntan y com o se llaman. Si tienen puentes de piedra, de madera o barcas con sus nombres y por que Lugares pasan.

5. Expresaran los nombres de las Sierras, donde empiezan á subir, donde á baxar, con un juicio razonable del tiempo para pasarlas, o de su Magnitud; declarando los nombres de sus puertos y en donde se ligan o pierden o conservan sus nombres estas cordilleras con otras.

6. Que bosques, montes y florestas tiene el Lugar, de que matas poblado, como se llaman, a que ayre caen y quanto se extiende.

7. Quando y por quien se fundo el Lugar, que armas tiene y con que motivo, los sucesos notables de su historia. hombres ilustres que ha tenido y los edificios o castillos memorables que aun conserva.

8. Quales son los frutos más singulares de su terreno, los que carecen, qual la cantidad á que ascienden cada año.

9. Manufacturas y fabricas que tiene, de que especias y por quien establecidas; que cantidades establecen cada año, que artifices sobresalientes en ellas; que inventos, instrumentos o maquinas ha encontrado la industria para facilitar los trabajos.

10. Quales son las ferias o mercados y los dias en que se celebran; que generos se comercian, extraen y reciben en cambio, de donde y para donde, sus pesos y medidas, compañias y casas de cambio.

11. Si tiene estudios generales ó particulares, sus fundaciones, metodo y tiempo en que se abren; que facultades enseñan y quales con mas adelantamiento, y los que en ellas se han distinguido.

12. Qual es su Gobierno político y económico; si tiene privilegios y si

erigio en favor de la enseñanza pública algun Seminario, Colegio, Hospital, Casa de Recoleccion y Piedad.

13. Las enfermedades que comunmente se padecen, y como se curan; numero de muertos y nacidos, para poder hacer juicio de la salubridad del Pueblo.

14. Si tiene aguas minerales, medicinales o de algun beneficio para las fabricas, salinas de piedra o agua, canteras, piedras preciosas, minas, de que metales, arboles y yerbas extraordinarios.

15. Si hay alguna inscripcion sepulcral u otras en qualquier idioma que sea.

Finalmente todo quanto pueda conducir á ilustrar el Pueblo, aunque no este prevenido en este interrogatorio.

NOTA. Procuren los señores (curas) formar unas especies de mapas o planos de sus respectivos territorios, de dos o tres leguas en contorno de su Pueblo, donde pondran las Ciudades, Villas, Lugares, Aldeas, Granjas, Caserías, Ermitas, Ventas, Molinos, Despoblados, Rios, Arroyos, Sierras. Montes, Bosques, Caminos, etc., que aunque no esta hecho como de mano de un professor, nos contentamos con solo una idea o borron del terreno por que lo arreglaremos dandolo la ultima mano. Nos consta que muchos son aficionados á geografia y cada uno de estos puede demostrar muy bien lo que hay al contorno de sus pueblos».

Il nous paraît curieux de publier ici une des réponses les plus complètes et les plus intéressantes qui aient été adressées à Lopez. Elle a trait à la petite ville de Llanes dans la province des Asturies et se trouve au Département des Manuscrits à Madrid sous le n° 7295.

«La villa de Llanes, ilustre en el principado de Asturias, es cabeza del consejo á que da nombre, tiene trescientos vecinos incluyendo los arrabales, es Realengo, tiene el segundo asiento y voto en la junta general del Principado, dista de la Ciudad de Obiedo diez y ocho leguas, se halla situada á igual distancia entre las villas de San Vicente la Barquera y de Riva de Sella, de cada una de las quales dista cinco leguas, hallandose la primera á la parte de oriente y la segunda á la de poniente.

Tiene una iglesia Parroquial de tres nabes de orden gotico y muy capaz que se sirve por ocho curas beneficiados que presenta en vacante el ayuntamiento de dicha villa.

En la nabe del Norte de la dha Yglesia se halla la Capilla de la Trinidad en que se encuentran los sepulcros de Juan Pariente de Llanes, Rico-home de Asturias y contador de Enrique IV, uno de los testigos o comisionados para llebar á los pueblos de Asturias la carta con juramento y pleito homenage de conserbar para siempre sus tierras y derechos al tiempo que se tomó posesion de este principado por el principe Dn Enrique; tambien se hallan en dicha Capilla los sepulcros de Boiso Suarez de Aller y Alonso Perez el Bono, Padre y Abuelo del citado Juan Pariente, segun resulta de las inscriciones gravadas en dichos sepulcros y compulsados en el siglo pasado en varios pleitos que se movieron aunque en el dia se hallan bastante borradas por la injuria de los tiempos.

Esta dicha Villa se halla murada con su torre antigua, cercada de un foso mui bien conserbado, se entra en ella por quatro puertas y otra se halla tapiada dentro de una huerta propia del Conde de la Vega de Sella. Hay varias casas de cavalleros de construccion mui solida y arreglada que adornan el Pueblo. Está situado este á orillas del Rio Carrozedo que nace al pie del monte de Cuera, á la media legua del mar y corriendo por el Pueblo de la Pereda, desemboca en el puerto de esta misma villa que es de poco fondo.

Extra muros hacia el poniente está un convento de Agustinas Recoletas, fundacion de la venerable Madre Sto Thomé por los años de 1660, á cuya obra ayudaron los vecinos de esta villa con sus facultades y otros devotos; es bastante capaz y lo mismo su yglesia que es obra posterior bien construida y de arquitectura sencilla.

Por el norte y oriente baña á esta villa el mar Cantábrico, muy abundante de toda especie de pescados los mas sabrosos, hai noticias de que á principios de este siglo todabia continuaba la pesca de Ballenas en esta costa y que venian armadores Vizcainos á ayudar á los del Pueblo á hacerla. Y tambien se pesca mucha merluza en estos mares y mucho mas en tiempo antiguo que se beneficiaba y curaba para el surtido del Reino de Castilla, pero en el dia se hallan las lanchas pescadoras en un estado lastimoso, pues solamente existen dos, demas de diez y ocho que habia antes, ademas de varios pataches que comercian en Galicia y Vizcaia. Esta decadencia tan notable se atribuye á las continuas guerras que llebau toda la gente de mar sin reserbar ni aun los Patronos de Lanchas; pero la principal causa ha sido la ereccion de la matricula que sugeta al Rl serbicio á determinadas personas dexando libres infinidad de gentes robustas y sanas de los lugares inmediatos que pudieran serbir en la Rl Armada con mexor desempeño y mas utilidad del Estado.

Tiene esta Villa buenos paseos, principalmente el que se llama de San Pedro, desde donde se registran muchas leguas de mar por hallarse elevado y en la mexor disposicion para el recreo de la vista.

Es Patria de los Yllmos Dn Pedro Junco de Posada Presidente de Valladolid y Obispo de Salamanca, hijo de Juan de Posada de Llanes y de Malfonsa Diaz de Noriega, de Dn Baltazar de Valdes Obispo de Gaeta, hixo de Dn Pedro Valdes y Da Ynes de Arenas, los dos Colegiales en el mayor de Valladolid, del Reverendisimo Fr. Antonio de Arenas Benedictino Mro. Gral. y Obpo. electo de Vic; de Juan de Estrada embaxador en Paris, del Sr Don Phelipe del Ribero y Valdes Colegial de Santa Cruz, Regente de las Audiencias de Mallorca y Nabarra, Consexero de ordenes y, por ultimo, de Castilla, del muy ilustre Sr Dn Philipe Rubin de Celis y Pariente del Consejo de S. M. prior de Ronzes Valles y gran Abad de Colonia, del Sr Dn Andres Valdes de Simon Pontero Regente de Valencia y despues consejero en el Supremo de Castilla. Y es Patria del coronel Dn Joseph Pariente del orden de Santiago, Castellano del Castillo de Baya en Italia en tiempo de Felipe V que defendió valerosamente en el año 1667, fue interinamente nombrado Governador y Capitan Gral. de la Escuadra de galeras de Napoles por ausencia del Exmo Señor conde del Lemus, que habia ido á Padua á visitar el cuerpo de Sn Antonio, traxo en su Galera á España á la Reina Da Maria Luisa; se halló en la Guerra de Mecina y fue uno de los que socorrieron la plaza de Terminis; tambien es patria de Dn Garcia de Mier Mro. de Campo y Govr. del castillo de Milan, y de otros muchos togados, Ynquisidores, Oficiales de Marina y exercito y otras personas muy condecoradas, titulos y caballeros que por su prolixidad se omiten.

Esta dicha Villa fue fundada por Dn Alfonso IX, ultimo Rey de Leon, como resulta de su carta puebla y privilegio fecha en Benavente era 1206, que se halla confirmado por todos los Reyes hasta el Señor Phelipe V, y en la confirmacion dada por el Sr D. Juan. El 1.° dice que lo hace por los muchos trabaxos que padecieron en su compañia en la jornada de Gijon; tiene por armas medio leon de oro en campo encarnado y cruz en campo verde: Es cabeza de Arciprestazgo cuyas funciones las debe exercer siempre uno de los Beneficiados; su jurisdicion y consexo tiene de largo siete leguas de Oriente á poniente y de ancho de norte en sur una legua poco mas o menos con 18 Parroquias y dos mil setecientos vecinos que se goviernan en lo civil por dos Juezes, quatro Regidores, un Procurador general, dos diputados y un Personero, los quatro ultimos con un Juez y dos Regidores los elige la Villa y sus arrabales cada año y el otro Juez y dos Regidores el consexo dividido en quintas, pero los asuntos generales se tratan y determinan en Junta publica que se compone del Juez, Regidores y diputados de la Villa con medio voto y Juez y Regidores con tantos consexales nombrados de las Parroquias del consexo con el otro medio.

Esta rodeado por el norte y oriente todo el consexo del mar Cantábrico, al mediodia por los montes de Cuera, picos de Carroendon, puertas de Rozenda, aguila de Abia, agua de Amia hasta el mar que lo dividen de los consexos de Cabrales, Onis, Cangas de Onis y Riba de Sella; sus Rios principales son al oriente Puron que nace como el Carrozedo á distancia de media legua uno de otro, y á las faldas de Cuera; al quarto de legua desemboca en el mar en la abra de su nombre y se pasa por un puente de madera de mediana construcion; el dicho Carrocedo que desagua en esta Villa se passa por un puente de piedra de tres ojos, los dos pequeños y esta poblado de molinos arineros para el abasto del publico. Y el de San Antonio que se compone de varios Rios menores que baxan desde Carroendon, Onis, Cabrales y collados cincumvecinos y á la media legua desemboca en el mar por el abra de Bedon en donde se hace caudaloso. Todos corren de medio dia á norte, son mui abundantes de truchas esquisitas y algunas de bastante peso, y tambien se pescan anguilas. Hai otros varios Riachuelos sin nombre que abundan igualm^te de la misma pesca.

Los frutos principales del consexo son el maiz que se coge con abundancia, aunque por la escasez de los consexos colindantes, no alcanza para la manutencion de sus naturales, algo de pan que llaman escanda, porcion de castaña, poco de abellana, mucha manzana de todas clases y otras frutas de piedra ricas, pabias, limones, naranjas agrias y dulces, habichuela blanca y rayada y todo genero de legumbres siendo el num° de fanegas de granos segun la cosecha ordinaria 40.000 Castellanas; hai bastante numero de telares de lienzos, bastos y de mediana calidad, de los q^e la mayor parte se consumen entre los naturales, extrayendo la menor para las montañas y otros parages; tambien los hai de lo que llaman sayal que se fabrica de la lena chuxca de la tierra que es mui basto y el vestido ordinario de los vecinos de algunos lugares del consexo.

Tiene tres ferias de bastante concurso en las que principalm^te se vende y compra ganado vacuno que concurre de todas las partes y son S^n Miguel en el Valle de Ardisana, Sta Dorotea en el de Celorio, y Sta Lucia en el de Posada excediendo esta ultima á las dos anteriores asi el numero de reses y otros efectos, como en el despacho. Cada semana hai un mercado en el Juebes en la villa adonde concurren de todas las Aldeas con comestibles y además los lunes y dias de fiesta hai tambien otra especie de mercados, pero menos numerosos.

Hai minas de carbon de piedra en todo el concexo, de yerro en varias partes principalm^te en Puron; hai la de piedra matitis o Sanguinaria en el Lugar de Parres, canteras de todas clases para obras Xaspes, Vastos y finos, negros con vetas blancas en el monte de Llamigo del Valle de Nuebo, de Bol pagizo, negro, blanco y morado estimado el de este ultimo color por su calidad superior y bien conocido en las Droguerias de la Corte, de Cristal de tártaro, suelda y otros.

Hai plantas medicinales dignas de la flora española, la arnica: Dictamo de Creta, Espicanardo, Tormentila, Polipodio, raiz de Mechocan, Antogil y los prados asi en primavera como en otoño se visten de mil generos de flores asi da raiz como de Zebolla, tambien se encuentra la Gualda o pastel estimado para tintes.

Hai en esta villa un estudio de Gramatica y una escuela para niños, fundacion del Dr Dn Fernando Villar Abariega, Beneficiado que fue de esta Ygl[ia] y, á la media legua hacia el poniente, se halla el Colegio de Benedictinos del lugar de Celorio, en donde se enseña la Philosofia.

Por ultimo, para acabar de satisfacer á las preguntas qe se hacen, se añade que el Santo titular deste Pueblo es el mismo que el de la Parroquia, esto es de Nra Sra de la Asuncion. Que al quarto de legua hacia el medio dia se halla la Capilla del Sto Cristo del Camino, Santuario celebre en estos contornos y de mucha debocion entre los fieles con su casa inmediata para el hermitaño que dotó Pedro Sanz de Llanes Arcipreste y Beneficiado de la Ygl[ia] de esta Villa por los años de 1590. Y que el numero de Baptizados de esta parroquia de Llanes por un quinquenio se regula en setenta y ocho y el de muertos en treinta, siendo el numero de Almas de toda ella de dos mil y ciento y que el clima es benigno y sano, sin embargo de qe domina la humedad por la cercania del mar y otras razones por cuya causa reinan los reumas y otros achaques que nacen de este principio, cuyo metodo de curacion trata con acierto el Dotor Casal médico abil que exerció su facultad por muchos años en la ciudad de Obiedo, Capital de este Principado y cuya obra anda impresa.

Y lo Firmó como cura actual de esta Parroquia de Llanes en ella y Sep[bre] 29 de 1797.

Lorenzo Simon Gomez.

Interrogatorio á que han de satisfacer bajo de Juramento las Justicias y demas personas que haran comparecer los intendentes en cada Pueblo (s. d.) in-fol. 4 pages, B. N. M. Ms. 7295.

A. 1. —Como se llama la Poblacion.

2. Si es de Realengo u de Senorio; á quien pertenece; (que derechos percibe, y quanto producen).

3. Que territorio ocupa el Término, quanto de Levante á Poniente, y del norte al Sur; y quanto de circonferencia por horas y leguas; que linderos o confrontaciones y que figura tiene, poniendola al margen.

4. Que especies de Tierra se hallan en el Término; si de Regado y de Secano distinguiendo si son de Hortaliza, Sembradura, Viñas, Pastos, Bosques, Materiales, Montes y demas que pudiere haver (explicando si hay algunas que produzcan mas de una cosecha al año, las que fructificaren sola una y las que necesitan de un año de intermedio de descanso).

5. De quantas calidades de Tierra hay en cada una de las especies, que hayan declarado si de buena, media é inferior.

6. Si hay algun Plantio de arboles en las tierras, que han declarado como frutales, Moreras, Olivos, Higueras, Almendros, Parras, Algarrobos, etc.
7. En quales de las Tierras estan plantados los arboles que declaran.
8. En que conformidad estan hechos los Plantios, si extendidos en toda la tierra o á las margenes; en una, dos, tres hileras, o en la forma que estuvieren.
9. De que medidas de tierra se usa en aquel Pueblo: de quantos pasos (que cantidad de cada especie de granos de los que se cogen en el término si siembra en cada una).
10. Que numero de medidas de tierra havra en el Término, distinguiendo las de cada especie (y calidad, por exemplo: tantas fanegas o del nombre que tuviese la medida de tierra de sembradura, de la mejor calidad; tantas de mediana bondad, y tantas de inferior y lo proprio en las demas especies que huvieren declarado).
11. Que especies de frutos se cogen en el Término.
12. Que cantidad de frutos de cada genero, unos años con otros produce, con una ordinaria cultura, una medida de tierra de cada especie y calidad de las que huviere en el Término, sin comprehender el producto de los arboles que huviese.
13. Que producto se regula daran por medida de tierra los arboles que huviese, segun la forma en que estuviese hecho el Plantio cada uno en su especie.
14. Que valor tienen ordinariamente un año con otro las frutas que producen las tierras del Término, cada calidad de ellos.
15. Que derechos se hallan impuestos sobre las tierras del Término, como Diezmo, Primicia, Tercio-Diezmo u otros y á quien pertenecen.
16. A que cantidad de frutos suelen montar los referidos derechos de cada especie o á que precio suelen arrendarse un año con otro.
17. Si hay algunas Minas, Salinas, Molinos Harineros ú de papel, Batanes ú otros artefactos en el Término (a quien pertenece) que numero de ganado viene al Esquileo á el (y que utilidad se regula da á su Dueño cada año).
19. Si hay Colmenas en el Término, quantas y á quien pertenecen.
20. De que especies de ganado hay en el Pueblo y Término, excluyendo las mulas de coche y Caballos de Regalo (y si algun Vecino tiene cabaña o Yeguada, que pasto fuera del Termino, donde. y de que número de cabezas, explicando el nombre del Dueño).

21. De que número de Vecinos se compone la poblacion y quantos en las casas de campo o Alquerias.

22. Quantas casas havra en el Pueblo, que número de inhabitables, quantas arruinadas (y si es de Señorio, explicar si tienen cada una alguna carga, que pague al Dueño, por el establecimiento del suelo y quanto).

23. Que propios tiene el Comun y á que asciende su producto al año, de que se debera pedir justificacion.

24. Si el comun disfruta algun arbitrio, siffa ú otra cosa (de que se debera pedir la concession, que quedandose con copia que acompañe estas diligencias) que cantidad produce cada uno al año: á que fin se concedio, sobre que especies (para conocer si es temporal o perpetuo y si su producto sobra o excede de su aplicacion).

25. Que gastos debe satisfacer el comun, como Salario de Justicia, y Regidores, Fiestas de Corpus ú otras: Empedrado, Fuentes, Sirvientes, etc., de que se debera pedir Relacion authéntica.

26. Que cargos de justicia tiene el Comun como Censos, que rupondia y otros, su importe, por que motivo y á quien, de que se debera pedir puntual noticia.

27. Si esta cargado de servicio ordinario y extraordinario ú otros de que igualmente se debe pedir individual razon.

28. Si hay algun Empleo alcavalas, ú otros Rentas enagenadas: á quien, si fue por servicio pecunario ú otro motivo: de quanto fue, y lo que produce cada uno al año, de que se deberan pedir los Titulos, y quedarse con copia.

29. Quantas Tabernas, Mesones, Tiendas, Panaderias, Carnicerias, Puentes, Barcas sobre rios, mercados, ferias, etc., hay en la Poblacion y Término: á quien pertenecen (y que utilidad se regula puede dar al año cada uno).

30. Si hay Hospitales, de que calidad, que renta tienen y de que se mantienen.

31. Si hay algun cambista, mercader de por mayor o quien beneficie su caudal, por mano de Corredor ú otra persona, con lucro e interés; y de que utilidad se considera le puede resultar á cada uno al año.

32. Si en el Pueblo hay algun Tendero de Paños, Ropas de oro, plata y seda, lienzos, especeria ú otras mercaderias, médicos, Cirujanos, Boticarios, Escrivanos, arrieros., etc. y que ganancia se regula puede tener cada uno al año.

33. Que ocupaciones de arte mecanico hay en el Pueblo, con distincion, como Albañiles, Canteros, Albeytares, Herreros, Sogueros,

Zapateros, Sastres, Pelaires, Texedores, Sombrereros, Manguiteros y Guanteros, etc., explicando en cada oficio de los que huviere el numero que haya de maestros, oficiales y aprendices (y de que utilidad le puede resultar, trabajando meramente de su oficio al dia á cada uno).

34. Si hay entre los Artistas alguno que teniendo caudal haya prevencion de materiales correspondientes á su propio oficio o á otros, para vender á los demas, o hiciere algun otro comercio, o entrase en arrendamientos, explicar quienes y la utilidad que consideren le puede quedar al año á cada uno de los que huviese.

35. Que número de Jornaleros havra en el Pueblo (y á como se paga el jornal diario á cada uno).

36. Quantos pobres de solemnidad havra en la poblacion.

37. Si hay algunos individuos que tengan embarcaciones que naveguen en la mar o rios, su porte o para passar, quantas, á quien pertenecen y que utilidad se considera da cada una á su dueño al año.

38. Quantos clerigos hay en el pueblo.

39. Si hay algunos conventos, de que religiones y sexo, y que número de cada uno.

40. Si el Rey tiene en el Término o pueblo alguna finca o renta que no corresponda á las generales ni á las provinciales, que deben extinguirse, quales son, como se administran y quanto producen. / BN. Mad. Mss. 7293.

Dict. geog. Albacete, Ciudad Real.

CARTOGRAPHIE

1. **Açores.**—Carta reducida | y general de las Islas de los | Azores | llamadas tambien Terceras | Para uso de los Navegantes. | Por D. Tomas y D. Juan Lopez. | Madrid año de 1781, | se hallará este con todas las obras de sus Autores en Madrid en la Calle de las Carretas | 2 ff. de 0,40 × 0,37.

Bibl. nat. Paris C 2682.

2. **Afrique.**—Mapa | de | Africa | Construido segun las | noticias mas modernas y | ciertas, y sujeto á las observaciones | Astronómicas | Por don Tomas Lopez, Geógrafo de | los Dominios de S. M., de la Academia de S. Fernando. | Madrid. Año de 1771. | Este Mapa con las otras partes, el Mapa Mundi, el | General de España, los particulares de sus Provin-

cias. | y demas obras del Autor se hallaran en Madrid Calle de las | Carretas | 0,60 × 0,48.

Bibl. nat. Paris C 1754 et Gosselin 160.

3\. — Mapa | de | Africa | Construido segun las | noticias mas modernas y | ciertas y sujeto á las observaciones | Astronómicas | Por D. Tomas Lopez, Geógrafo de | los Dominios de S. M. Madrid. Año de 1790. | Este Mapa con las otras Partes, el Mapamundi, el | General de España, los particulares de sus Provincias | y demas obras del Autor, se hallaran en Madrid, calle de Atocha, frente la casa de la Diputacion de los Gremios | 0,60 × 0,47.

Min. de Estado. Madrid Cartera vi, 7.

4\. **Alava.**—Mapa | de la M. N. Y. M. L. provincia | de Alava. | Comprehende las Quadrillas | de Vitoria, Salvatierra, Ayala, | Guardia, Zuya, Mendoza y | sus cinquenta y tres Ermandades | Construido por las memorias de los naturales | Por el Geógrafo D. Tomas Lopez, Pensionista | de S. M. Año de | 1770. | Se hallará este Mapa con todas las obras del autor en Madrid, en la Calle de Carretas | 0,40 × 0,385.

Bibl. nat. Paris vol. 2920, et D 917.—Bibl. nat. Madrid.
Brit. Mus. 156.6. Dép. guerre, Madrid LM 1ª 1ª a 6.
(Pl. 90 de l'atlas de 1810).

Le ms. de cette carte se trouve Dep. guerre. Madrid même n°.

5\. — Mapa | de la provincia de | Alava | dividido en seis quadrillas, | y construido segun las noticias | de sus naturales | Por D. Tomas Lopez | Geografo que fue de los Dominios | de S. M. | Se hallará este Mapa con todas las obras del Autor | en Madrid en la Calle de Atocha Manz. 158 Num° 1 q^to 2° | 0,40 × 0,39.

Bibl. nat. Madrid.—Dep. hydr. Madrid C 129
Dép. guerre Madrid LM. 1ª 1ª a 7.

— Voir aussi **Guipuzcoa.**

6\. **Alcañiz.**—Mapa geográfico del Partido | de Alcañiz | perteneciente á la orden de Calatrava | Comprehende el Gobierno de su nombre, la Encomienda mayor de Alcañiz | y las de Fresneda, Molinos, Monroyo y Montalvan. | Hecho de acuerdo y acosta del Real y Supremo | Consejo de las Ordenes | Por D. Tomas Lopez Geográfo de los Dominios de S. M. | Madrid Año de 1785 | 0,336 × 0,375.

Dép. guerre, Madrid.—LM. 4ª 1ª g 17.
Dép. Hydr. Madrid C 129. Archiv. hist. Madrid 12676.

Le ms. original de Lopez prêt pour la gravure se trouve: Dép. guerre Madrid. LM. 4ª 1ª l 24.

7. **Alcantara.**—Mapa geográfico del partido de | Alcantara. | Comprehende el gobierno de | su nombre, el de Gata, el de | Valencia de Alcantara, las | Varas de Brozos Ceclavin | y Cilleros | hecho de acuerdo y acosta del | Real y Supremo Consejo | de las Ordenes | Por D. Tomas Lopez Geógrafo | de los Dominios de S: M. | Madrid, año de 1785 | 0,35 × 0,382.

Bibl. nat. Madrid.—Dép. Hydrog. Madrid C 129.
Dép. guerre, Madrid. LM. 1ª 2ª c 1.
Le ms. original se trouve: Dép. guerre. Madrid, sous le même n°

8. **Alentejo.**—Mapa | de la Provincia de | Alentejo, | Construido | Segun las | mas modernas memorias. | Por | D. Tomas Lopez, Pensionista de S. M. | Madrid, año de 1762. | 0,295 × 0,397.

Acad. de l'Hist. Madrid.

9. **Algarve.**—Mapa | del Reyno de | Algarve, | Construido | por D. Thomas Lopez, Pensionista de S. M. | Se hallará frente de S. Bernardo, | Madrid Año 1762. | 0,283 × 0,335.

Dép. hydrog. Madrid C 129.

10. **Alger.**—Plano de la | Bahia de Argel | y sus Cercanias | Por D. Tomas Lopez | Geógrafo que fue de S. M. | Se hallará este con el de la vista, el Reyno de Marruecos, Fez, Argel y Tunez, y | todas las demas obras de Lopez en Madrid, Calle del Principe n° 13 frente á la libreria de Mijar | 0,34 × 0,295.

Bibl. nat. Paris. C 2661.

Ceci est une édition postérieure à la mort de Lopez. L'original á échappé à nos recherches ainsi que les deux pièces suivantes.

11. — Plano de la Bahia de Argel situada en la Costa de Africa y del ataque que executó el general D. Antonio Barcelo á principios de agosto de 1783, grabado por D. Tomas Lopez Geografo del Rey. Madrid 1783.

12. — Perspectiva de la plaza de Argel, situacion de la escuadra española, y figuracion del ataque de la mañana del dia 12 julio de 1784, hecho por D. Jose Lopez Llanos, grabado sobre el cuidado de D. Tomas Lopez, Geógrafo del Rey. Madrid, año 1784.

(d'après Fernández Duro, *Armada española*. T. VII, p. 357).

— **Algérie.** Voir **Maroc.**

13. **Allemagne.**—Mapa general de | Alemania | Dividido en sus circulos, y | Jurisdicciones | Compuesto con conocimiento de los mejores ma-

pas | generales de este Imperio, | Por D. Tomas Lopez, Geógrafo de los Dominios | de S. M. | Madrid, año de | 1779. | Se hallará este, con todas las obras de su autor, en Madrid en la Calle de las Carretas, entrando por la Plazuela del Angel | 0,59 × 0,48.

Bib. nat. Paris, Gosselin 45.

14. **Almonacid.** — Mapa geográfico del Partido de | Almonacid | de Zorita | perteneciente á la Provincia de Madrid | Por Don Tomas Lopez. | Madrid, Año de 1769 | 1 f^{lle} manuscrite | 0,16 × 0,14.

Dép. guerre, Madrid, LM. 3ª2ª a 35.

15. — Mapa geográfico del Partido de | Almonacid de Zorita | perteneciente á la Orden de Calatrava. | Comprehende la Vara de Almonacid y las villas | enagenadas de la Orden en el mismo Partido, | hecho de acuerdo y á costa del Real y Supremo | Consejo de las Ordenes | Por Don Tomas Lopez Geografo de los Dominios de S. M. | Madrid. Año de 1785 | 0,34 × 0,383.

Bibl. nat. Madrid.

Le ms. original est Dép. guerre, Madrid, LM 2ª2ª b 6.

16. **Amérique.** — Mapa de la America septentrional dividido en dos partes. En la primera se describen las provincias segun los derechos que piensa tener á ella la corona de Francia, en la segunda segun pretensiones de Inglaterra... 1757.

Il nous a été impossible de rencontrer dans aucun des dépôts que nous avons visités cette œuvre de jeunesse de Lopez publiée en collaboration avec D. Juan de la Cruz.

17. — Atlas geográfico | de la | América | septentrional | y meridional | Dedicado | A la Católica Sacra Real Magestad | de el Rey Nuestro Señor | Don Fernando VI | Por su mas humilde vasallo Thomas Lopez Pensionista de S. M. | en la Corte de Paris, año de 1758. | Se hallará en Madrid, en casa de Antonio Sanz, | Plazuela de la Calle de la Paz. 1 vol. in-8° de XII-116 p. avec un portrait de Ferdinand VI.

Cet atlas se compose de 38 planches:

1: Mapa general de la América. — 2: Plano de Mexico. — 3: Provincias de Mexico, Mechoacan y Panuco. — 4: Provincias de Yucatan, Tabasco, Guaxaca y Tlascala. — 5: Provincias de Guadalaxara, Xalisco, Chiamatlan y Zacatecas. — 6: Provincias de la Nueva Vizcaya, Culvacan y Cinaloa. — 7: El nuevo Mexico propio. — 8: California, Nuevo Reyno de Leon (avec un cartouche pour les P. de Salinas et de Las Palmas). — 9: Nueva Navarra, Pimeria, Sonora, Hiaqui y Maya. — 10: Provincias de Guatemala,

Soconusco, Chiapa y Vera-Cruz.—11: La Florida.—12: Provincias de Honduras, Nicaragua, Costa-Rica y Veragua.—13: Isla de Cuba.—14: El Puerto de San Agustin, la Havana, Bahia de Santiago (ces trois plans sur le même feuille).—15: Isla de Santo-Domingo (avec Puerto-Rico dans un cartouche).—16: Plano de la Bahia y ciudad de Puerto Velo por Lopez. 17: Plano de la Ciudad de Carthagena.—18: Provincias de Panama, Darien, Choco y Carthagena.—19: Provincia de Sta Martha y Rio de la Hacha.—20: Govierno de Venezuela.—21: Provincias de Cumana, Paria, la Isla de Trinidad y el Rio Orinoco.—22: Nuevo Reyno de Granada.—23: Popayan.—24: Plano de Lima.—25: Parte septentrional de la Audiencia de Lima.—26: Parte meridional de la Audiencia de Lima.—27: Plano de la Ciudad de Quito.—28: Parte occidental de la Audiencia de Quito.—29: Parte oriental de la Audiencia de Quito.—30. Los Charuas. El Obispado de N. Seña de la Paz y el de Sta Cruz de la Sierra.—31: El obispado de Tucuman.—32: El Paraguay.—33: Parte del Paraguay y el Obispado de Buenos-Aires.—34: Plano de la Ciudad de Santiago, capital del Chile.—35: Plano de la villa de Serena.—36: Reyno de Chile.—37: Vista de Penco. Plano de la Ciudad de Penco ó la Concepcion.—38: Parte del Reyno de Chile. La Tierra del Fuego. El estrecho de Magallanes y el de Lemaire.

Bibl. nac. Madrid 249554.

(Toutes ces cartes mesurent 0,087 × 0,017 sauf la carte générale d'Amérique qui a 0,157 × 0,115. Le titre de l'ouvrage est gravé dans un élégant encadrement. L'exemplaire de Madrid porte quelques annotations manuscrites.)

18. — Mapa de | America | Sujeto á las observaciones Astronómicas | Por D. Tomas Lopez, Geográfo de los Dominios de S. M. por Real | Despacho, de la Academia de San Fernando. | Madrid Año de 1772; | se hallará este Mapa con las otras partes, el Mapa mundi, el general de España, los | particulares de sus Provincias y demas | obras del Autor en Madrid, en su casa | Calle de las Carretas entrando por la | plazuela del Angel | 0,60 × 0,50.

Bibl. nat. Paris C 1755 et Gosselin 147.

19. — Mapa general de América ó hemisferio occidental, que contiene nuevos descubrimientos y rectificaciones á los anteriores, por T. Lopez.—Librería de G. Rico, calle del Desengaño, n.° 29, 1 flle 0,25 × 0,27, divisée en cuaterones.

Je suppose, dit notre ami D. Ant. Blazquez, qui nous fournit cette information, que c'est chacun de ces quarts et non le pièce entière qui mesure 0,25 × 0,27.

20. **Andalousie.**—Mapa | del Reyno de | Sevilla | dibidido | en su Arzobispado, Obispado y Tesorerias, Hecho | sobre el que Publicó el Yngeniero en Gefe D. | Francisco Llobet, | Dedicado | al Exmo S. D. Antonio Ponce de Leon | Spinola, de la Cerda, Lancaster, Cardenas, Manuel, Manrique de | Lara, Duque de Arcos, de Maqueda, de Nagera, y de Baños &c | &c &c; Grande de España de primera clase, Cavallero del | Insigne Orden del Toyson de Oro; Comendador de Calzadilla en la | de Santiago, Gentil Hombre de Camara de S. M. con e | xercicio; Teniente General de sus Exercitos y Capitan | de la Compañia Española de Reales Guardias de Corps | Por D. Thomas Lopez Pensionista | de S. M. 1767. | Este Mapa con todas las obras del Autor se hallaran en Madrid, en la | Calle de las Carretas, frente la Imprenta de la Gazeta, | 4 flles de 0,362 × 0,395.

Brit. Mus. 72.4. et 156.6. Bibl. nat. Madrid.
Dépôt guerre Madrid. J. 10.a 2a 8,—Bibl. nat. Paris FF 2839 et vol. 2920.
(Forme les pl. 58 à 61 de l'atlas de 1810).

21. — Sevilla Regnum | in suos Archiepiscopatos Episcopatos | et Præfecturas divisum | per | Franciscum Ellobet (pro Llobet) et Thom .. Lopez | delineatum, aliis que subsidiis | emendatum a F. L. Güssefeld. | Denuó por Homannianos Heredes editum 1781. | C.P.S.C.M. | 0,572 × 0,445.

Brit. Mus. 72.5.2.

Le titre courant porte: Carte de Sevilla | dressée nouvellement selon les Cartes géographiques de Mons. Lopez et autres mémoires par F. L. Güssefeld. Publié par les Héritiers de Homann Avec Privilège de Sa Majesté Impériale.

22. **Antilles.**—Carta | general de las islas | Antillas menores | llamadas de barlovento | y tambien Caribes | Por Don Tomas Lopez | Geógrafo de los Dominios de S. M. | Madrid, año de 1781. | Se hallará esta con las demas obras del Autor en su casa, Calle de las Carretas, entrando por la Plazuela del Angel | 2 flles 0,585 × 0,305.

Bib. nat. Paris C. 2650.

23. **Aragón.**—Mapa | del Reyno | de | Aragon | Dedicado | Al | Serenissimo Señor Don | Luis Antonio Jayme | Infante de España | Dividido en su Arzobispado, Obispado y Corregimientos | Construido sobre el celebre Mapa de los Pyrineos de M. Roussel, el de Juan Bautista Labaña, el del P. Seyra, | el de M. d'Anville y otros. | Aplicadas las Observaciones Astronómicas Por D. | Tomas Lopez Pensionista de S. M. | 1765 | . Se hallará en Madrid en casa del Autor, en la Calle de Carre-

tas, frente de la Imprenta de la Gaceta, con todas sus obras. | 4 f^lles de 0,38 × 0,39.

Bibl. nat. Paris. Atlas Lopez f^lles 70 á 73.

24. **Asie.**—Mapa de | Asia | Dividido | Segun la extension de sus Estados | Formado con los mejores Mapas y documen | tos nacionales, y sujeto á las observaciones | Astronómicas | Por D. Tomas Lopez, Geógrafo de los Dominios de S. M. | de la Academia de S. Fernando. Madrid año de 1772. | Se hallará este con las otras partes del Mundo, el Mapa general | de España, los particulares de cada Provincia y todas las | obras del autor, en Madrid, en la Calle de las Carretas | entrando por la Plazuela del Angel | 0,61 × 0,50.

Bibl. nat. Paris. C. 1756 et Gosselin 126.

25. **Asturies.**—Mapa | de el Principado de | Asturias | Dedicado | Al Serenisimo Señor Don | Carlos Antonio | Principe de Asturias. | Comprehende todos sus Consejos, cotos y Jurisdicciones | Por D. Tomas Lopez | Geógrafo de los Dominios de S. M. de las Reales | Academias de S. Fernando, de la | Sociedad Bascongada de los Amigos | del País, y de las Buenas | Letras de Sevilla. | Madrid, Año 1777. | Se hallará este con todas las obras del Autor, en Madrid, en la Calle de las Carretas, entrando por la Plazuela del Angel | 4 f^lles de 0,38 × 0,34.

Avec, en cartouche, le : Plano de la Ciudad de Oviedo | Dibujado por direccion de D. Francisco de la Concha Miera.

Dép. guerre Madrid. J. 10^a2^a a 39 et 62 (ce dernier incomplet).
Bibl. nac. Madrid.—Bibl. Acad. de l'Hist.—Bibl. part. du roi d'Espagne.
Min. de Estado. Madrid. Bibl. Caja 23.
Bibl. nat. Paris, vol. C. 2920 (forme les pl. 32 á 35 de l'Atlas de 1810)

26 — Asturiae | Principatus | in suas Jurisdicciones | divisus ad D. T. Lopez magnam Chartam in hanc formam | commodam reduxit F. L. G. Curantibus Homan. Hered. 1798 | Cum Priv. S. Cæs. M. | 0,575 × 0,41.

Le titre courant porte: La Principauté des Asturies divisée en ses Jurisdictions. Dressé selon la grande carte du sieur D. T. Lopez par F. L. Güssefeld et publié par les Héritiers de Homann l'an 1798. Avec Privilège de S. M. I. | En cartouche, se trouve le: Plano de la Ciudad de Oviedo | Dibuxado por direccion de D. Francisco de la Concha Miera. Francisco Reiter lo dibuxo.

Bibl. nat. Paris. G. DD. 680.

27. **Atlas antiquus.**—Atlas elemental antiguo para enseñar á los niños geografía con un indice alfabético de las ciudades, villas, &c. Por Don Tomas Lopez, Geografo de los Dominios de S. M., de varias Academias

Madrid. año de 1801, | in-4. Se hallará en Madrid, calle de Atocha, frente la Casa de los Gremios, 0,25 × 0,17.

Bibl. nac. Madrid. B. A. G. 663.

(Voici la liste des 26 cartes contenues dans cet atlas: Orbis veteribus notus. Europa antigua (1798). Asia antigua (1798). Africa antigua (1799). España antigua (1799). Francia antigua (1799). Provincia romana (1799). Britannia et Hibernia (1799). Germania antigua (1799). Mapa antiguo de Rhetia, Noricum, Pannonia et Illyricum (1800). Italia antigua (1800). Suplemento al Mapa antiguo de Italia. Mapa antiguo de Grecia (1800). Thracia y Mœsia (1799). Dacia (1800). Asia menor (1800). Mapa de Armenia, Colchis, Iberia y Albania (1800). Mesopotamia, Syria, Phœnice et Cyprus (1800). Palæstina, Judea, Samaria, Galilæa, Petræa et Arabia (1800). Mapa antiguo de Arabia (1800). Mapa que contiene Media Assyria, Babylonia, Persia et Susiana, Caramania y Gedrosia, Asia, Hyrcania Bactriana y Sogdiana (1800). Sarmatia asiática, Scythia Serica y parte de India (1800). Mapa antiguo de la India (1800). Mapa antiguo y geográfico de Egyptia et Libya (1801). Mapa geográfico de los Syrtes, Tripoli, Africa, Numidia y otras cosas (1800). Las Mauritanais (1800).

28 **Ávila.**—Mapa | de la Provincia de | Ávila | Dividido | en sus Territorios y Sexmos. | Construido sobre las memorias de los naturales. | Por el Geógrafo D. Tomas Lopez, Pensionista | de S. M., de la Academia de S. | Fernando. Madrid, Año de 1769. | Se hallará este con los que vaian saliendo ẽn Madrid, en casa del Autor | en la Calle de las Carretas, entrando por la Plazuela del Angel | 0,38 × 0,38.

Dép. guerre Madrid, LM. 1ª1.ª d. 2.—Bibl. part. du roi d'Espagne.
Dép. hydrog. Madrid. C. 129.—Brit. Mus. 156.6.—Bibl. nat. Paris vol. c. 2920.
(Forme la Pl. 23 de l'Atlas de 1810).

— Voir aussi **Ségovie.**

29 **Baléares.**—Mapa Geográfico | y general de las Islas | Baleares y | Pithyusas | Por Don Thomas Lopez | Geógrafo de los Dominios de S. M., de sus Reales Academias | de la Historia, San Fernando, Buenas Letras de Sevilla, de las Sociedades | Bascongada y Asturias. | Madrid, año de 1793. | Se hallará este, con las quatro partes, el Atlas elemental, todas las obras del autor, y las de su hijo, en Madrid, calle de Atocha, frente la casa de Gremios | 2 flles de 0,32 × 0,37.

(Avec le plan en cartouche du port d'Iviza et du port Pi situé dans la partie septentrionale de la rade de Palma).

Dép. guerre, Madrid, LM 1ª1.ª f. 88.—Bibl. part. du Roi d'Espagne.
British Museum 19690 3.—Bibl. nat. Paris, vol. C 2920.
(Forme les pl. 82 et 83 de l'Atlas de 1810).

30. **Barcelone.**—Mapa | del Obispado | de | Barcelona | delineado | Por D. Francisco Xavier de Garma y Duran | Secretario de S. M. Regidor perpetuo de la Ciudad de Barce | lona, y Archivero del Real y Gral. Archivo de la Corona de Aragon | 1761. | T. Lopez Sculp. 1774 | 0,41 × 0,285.

Dép. guerre, Madrid. LM 1.ª2ª a 30.

T. XXIX, pág. 37 de: Florez, *España Sagrada.*

31. **Baston de Laredo.**—Mapa que comprehende | el Partido de Baston de Laredo | y quatro Villas de la Costa, con todos sus Valles, y la | Provincia de Liebana | el corregimiento de Villarcayo | que encierra las merindades de Castilla la Vieja, separadas sus Juntas, Valles y agregados | el partido de Miranda de Ebro. | Compuesto con las noticias de los naturales | Por D. Tomas Lopez y Vargas, Geógrafo por S. M. de sus Reales | Dominios; de la Real Academia de S. Fernando, de la Real Sociedad | Bascongada de los Amigos del Pais, y de la Real de Buenas | Letras de Sevilla. | Madrid, año 1774. | Se hallará este con las Provincias de España, el General de ella, el Mapa Mundi, las quatro partes, la Tierra Santa y todas las obras del Autor, en Madrid, en la calle de las Carretas, entrando por la Plazuela del Angel. | 4 files de 0,39 × 0,58.

Dép. guerre Madrid, LM 4ª1.ª e 1 et 31.—Dép. hydrog. Madrid. C. 129.

Bibl. partic. du Roi d'Espagne.—Bibl. nat. Paris, vol. C. 2920.

Brit. Mus. 156.6. (Forme les pl. 10 á 13 de l'Atlas de 1810.)

32. **Beira.**—Mapa | de la Provincia de | Beira, | Construido | Segun las mas modernas memorias, | Por Thomas Lopez, Pensionista de S. M. | Madrid, año 1762, | 0,30 × 0,342.

Dép. hydrog. Madrid. C 129.

Bétique.—Voir **Andalousie.**

33. **Biscaye.**—Mapa del Señorio de | Vizcaya, | Construido segun las noticias | de sus naturales | Por Don Tomas Lopez | Geógrafo que fue de los Dominios de S. M. | Se hallará este Mapa con las obras del Autor, y las que | se bayan haciendo en Madrid, á la entrada de la calle de las Carretas por la Plazuela del Angel | 0,395 × 0,38.

Dép. guerre, Madrid. J. 10ª2ª 27 et 38.—Bibl. nac. Madrid.

Dép. hydrog. Madrid C. 129.—Bibl. partic. du Roi d'Espagne.

Brit. Mus. 156.6.—Bibl. nat. Paris, vol. C. 2920.

(Forme la pl. 88 de l'Atlas de 1810).

(Le croquis original de Lopez existe au Dép. guerre, Madrid. LM. 4ª1ª h 26).

—Voir aussi: **Guipuzcoa.**

34. **Bohême.**—Atlas abreviado de Bohemia, para la inteligencia de la guerra presente entre la Emperatriz y el Rey de Prusia. Por D. Tomas Lopez, Pensionista de S. M. en la Corte de Paris. Dedicado al M. I. S. D. J. Francisco Gaona y Portocarrero &c.—Se hallará en la Plazuela de la Paz, en casa de D. Antonio Sanz, Año de 1757, in-12 de 80 feuillets non paginés.

(Après la dédicace et l'avis *Al lector* dans lequel Lopez indique ses sources, il annonce qu'il exécute les cartes de Westphalie, Saxe et Prusse qui paraitront sous peu (et sont encore à paraître); il donne après un plan de Prague avec une légende de 44 numéros, la carte générale de la Bohême, les cercles de Prague et de Schlan, ceux de Rakhonitz, de Saatz, de Leimeritz, de Buntzel, de Köningingrätz, Chrudim, Gzaslau, Bechin, Kaurzim, Moldau, Prachen, Beraun, Pilsen, Elnbogen et Egra, le district de Crumau et le Plan de la bataille donnée le 6 mai 1757 près de Prague.

Tous ces plans et cartes portent la date de 1757 et mesurent 0,85 × 0,107).

Bibl. nat. Madrid, B. A. G. 1672.

Brunete.—Voir plus loin, n° 131 de la présente notice.

35. **Burgos.**—Mapa geográfico | de una parte de la provincia de | Burgos | que comprehende los partidos de | Burgos, Bureva, Castroxerix, Candemuño, Villadiego | Juarros, Aranda, los Valles de Sedano, Valdelaguna, Bezana | Jurisdiccion de Lara, La Hoz de Bricia y la de Arreba | Por D. Tomas Lopez, Geógrafo y Pensionista de S. M. | de las reales Academias de la Historia, de S. Fernando, | de las buenas Letras de Sevilla y de la Sociedad | Bascongada | 1784 | se hallará este con todas las obras del autor en Madrid en la calle de Atocha, casa nueva de Santo Tomas M. 159 n° 3. 4 feuilles de 0,405 × 0,49.

Dép. guerre, Madrid. LM 1ª 2ª b. 1. Bibl. partic. du roi d'Espagne.

Brit. Mus. 156.6. Bibl. Nac. Madrid, exempl. incompl. Bibl. nat. Paris, vol. C 2920 et C 3050 incomplet (forme les pl. 6 à 9 de l'atlas de 1810).

36. — Charta Geographica | Provinciam Burgos | Castellam veterem primam, in suas | partes minores subdivisam exhibens Ex illis D. T. Lopezii in hanc formam | redegit F.L.G. (Güssefeld) | Norimbergæ expensis Homan. Hered. | 1801 | Cum Gratia et priuil Sac. Cæs. Maj. | 0,555 × 0,47.

Bibl. nat. Paris Ge FF, 10742.

(Pl. 8 de Atlas von Spanien in XXVI Blättern... von F.L. Güssefeld (Voir ci-après au mot: Espagne).

37. **Cabrera.**—Mapa de la isla de | Cabrera | la de los | Conejos | y otras pequeñas | Por Don Tomas Lopez | Geógrafo de los Dominios de S. M. | Madrid, año de 1782. | Se hallará con el de Mallorca, Menorca, Iviza y todas las obras del autor en Madrid, en la calle de las Carretas | 0,40 × 0,38.

(Sur la même feuille se trouvent Mapa de la isla de Formentera, la de Espartell y la del Empalmador).

Dép. guerre, Madrid. LM. 1ª 1ª f. 3. Bibl. partic. du roi d'Espagne.
Brit. Mus. 156.6. Bibl. nat. Paris. C. 2659.

(Le ms. original de Lopez portant la date de 1780 est au Dép. guerre, Madrid. LM 1ª 1ª f. 95).

—Voir aussi: **Majorque.**

38. **Calatrava.**—Mapa geográfico | del Campo de | Calatrava | comprehende el Gobierno | de Almagro, las Varas de Almaden, | Almodovar del Campo, Manzanares, | Daymiel y las Villas enagenadas | de esta orden, | hecho de acuerdo y a costa del Real y | Supremo Consejo de las Ordenes | Por Don Tomas Lopez Geógrafo | de los Dominios de S. M. | Madrid, año de 1785 | 0,34 × 0,38.

Dép. guerre, Madrid. LM 2ª 1ª d. 8 (l'original ms. est sous le même nº). Dep. hydrog. Madrid, C. 129.

39. **Californie.**—Carta reducida del Oceano Asiatico o mar del Sur, que comprehende la costa Oriental y Occidental de la Peninsula de California con el Golfo de su denominacion antiguamente conocido por la de Mar de Cortés y de las costas de la America Septentrional desde el Isthmo que une dicha Peninsula con el continente hasta el Rio de los Reyes y desde el Rio Colorado hasta el Cabo de Corrientes, Compuesta de orden del Virrey de Nueva España Marques de Croix... Mexico y Octubre 30 de 1770. Miguel Costanso. Don Tomas Lopez, geografo de los Dominios de S. M. lo gravó en Madrid Año de 1771. Gravada la letra é impreso por Hipolite Ricarte.

(Nº 255 de Torres Lanzas (Pedro). Relacion descriptiva de los mapas, planos &ª de Mexico y Floridas existentes en el Archivo general de Indias.—De cette carte que nous n'avons rencontrée que dans ce Dépôt. Dalrymple a donné une traduction qui devait être accompagnée de la carte, mais cette dernière manque à l'exemplaire de la Bibliothèque nationale de Paris.)

40. **Canaries.**—Carta reducida de las islas de | Canaria | Dedicada | al Sr D. Fernando de Magallon | Caballero del | Orden de Malta, Ministro

del Supremo Consejo | de Indias y de la Real Junta de Comercio, Moneda y Minas, | Consiliario de la Real Academia de San Fernando y Academico | del Numero de la Española; | Por Don Tomas Lopez Geógrafo de los Dominios de S. M. de las Reales Academias | de la Historia, de San Fernando, de la de Buenas Letras de Sevilla y de la Sociedad Bascongada de los Amigos del Pais | 2 feuilles de 0,42 × 0,395.

Bibl. nat. Paris. C. 2663.

41. **Carrion.**—Mapa geográfico | del Partido de | Carrion | Por Don Tomas Lopez | Geógrafo de los Dominios de S. M., | de sus Reales Academias de la His | toria, de San Fernando, de la de | Buenas Letras de Sevilla y de la | Sociedad Bascongada. | Madrid, año de 1785. | Se hallará este con todas las obras del autor y las de su hijo en Madrid, calle de Atocha, casa nueva de Santo Tomas | 0,39 × 0,37.

Bibl. partic. du Roi d'Esp. Brit. Mus. 156.6.

Bibl. nat. Paris, vol. 2920 (forme la pl. 39 de l'Atlas de 1810.)

42. **Castille (Nouvelle).**—Castiliæ novæ | pars occidentalis | provincias Madrit | Toledo et Mancha | comprehendens | Ex Dom. T. Lopez mappis colligavit F.L. Güssefeld | Norimbergæ apud Homannianos Heredes | 1781 | Cum Priv. Sac. Caes Majest. | 0,45 × 0,51.

(Le titre courant porte: Les Provinces de Madrid, Toledo et de la Manche, dressées sur les Mémoires du Sr. T. Lopez, par F.L. Güssefeld. A. Nuremberg chez les héritiers de Homman l'an 1781.)

Bibl. nat. Paris, Ge DD 680. Brit. Mus. 73, 8b.

43. — Castiliæ novæ | Pars Orientalis | Provincias Cuenca | et Guadalaxara | comprehendens | ex Dom T. Lopez mappis colligavit F.L. Güssefeld | Norimbergæ apud Homannianos Heredes 1781 | Cum Gratia et Priv. S. C. Majest. | 0,44 × 0,535.

Le titre courant porte: Charte géographique des provinces de Cuenca et de Guadalaxara, dressée sur les mémoires du Sr T. Lopez, par F.L. Güssefeld à Nuremberg chez les héritiers de Homman l'an 1781.

Bibl. nat. Paris Ge DD 680. Brit. Mus. 73. 8a.

44. **Castrotorafe.**—Villas y Lugares pertenecientes | al Partido y Vara de Castrotorafe | en la Orden de Santiago situados en la | Roda de Mieza, provincia | de Salamanca | 0,17 × 0,19.

Dép. guerre, Madrid. J. 10a 2a a 53.

(Manuscrit. original de Lopez).

Voir: **Courel**, et **Garabanes, Roas** et **Rocha de Naria.**

45. **Catalogne.**—Mapa | del Principado de | Cataluña | comprehende los corregimientos de | Barcelona, Cervera, Gerona, Lérida, | Manresa, Mataró, Puigcerda, Talarn, Tarragona | Tortosa, Villafranca, Vique, y la subdelegacion | del Valle de Aran. | Se tubó presente para la composicion de este, el Mapa | de los Piryneos del Sr Rousel, el del Conde Dornius, el de D. | Josef Aparici, el de D. Francisco Garma, otros manuscritos y buenas relaciones | Por D. Tomas Lopez y Vargas, Geógrafo de los Dominios de S. M. de las Reales Aca | demias de S. Fernando, de la sociedad | Bascongada de los Amigos del Pais y de | la de Buenas Letras de Sevilla. | Madrid 1776. | Se hallará este con las demas Provincias particulares de España, el general de ella, el Mapa Mundi, las quatro partes y otras obras del autor en Madrid en la Calle de las Carretas entrando por la Plazuela del Angel | 4 feuilles de 0,42 × 0,40.

Dép. guerre, Madrid. J. 10a 2a a 40. Bibl. partic. du roi d'Espagne.

Brit. Mus. 156.6. Bibl. nat. Paris, vol. C. 2920.

(Forme les Pl. 74 à 77 de l'Atlas de 1810).

46. — Principatus | Cataloniæ | en suas subdivisiones ho | diernas ad magnam Mappam | D. T. Lopez in formam hanc com | modam designatus et astro | nomicas Observaciones accom | modatus a F. L. Güssefeld | Norimbergæ Hom. Hæred | excud. 1798 | C.P.S.C.M. | 0.53 × 0.43.

Le titre courant porte: La Principauté de Catalogne selon la grande Charte du *(sic)* Mons. T. Lopez et sur les Observations astronomiques faites par J.-J. Cassini, nouvellement dressée par F. L. Güssefeld et publiée par les Héritières *(sic)* de Homann l'an 1798. |

Bibl. nat. Paris, Ge DD. 680.

47. **Cazorla.**—Mapa geográfico del | Adelantamiento y vicaria de Cazorla | conforme al manuscrito del licenciado | Don Francisco Manuel de La Torre y Cuebas, actual | Corregidor de la villa de Oropesa | Por Don Tomas Lopez Geógrafo de los Dominios | de S. M. de las Reales Academias de la Historia, de San Fer | nando, de la de Buenas Letras de Sevilla y de varias sociedades. | Madrid, 1787 | Se hallará este con todas las obras del autor y las de su hijo, en Madrid, en la Calle de Atocha frente de la Aduana Vieja. Manz. 159 n° 3. | 0.392 × 0.375.

Bibl. nat. Paris. C. 2675. Brit. Mus. 156. 6.

Bibl. Part. du roi d'Espagne.

Le ms. original de cette carte se trouve. Dép. Guerre Madrid, L. M. 3a 1a f. 12.

48. **Chili.**—Mapa de una parte de | Chile | que comprehende el terreno | donde pasaron los famosos hechos | entre | Españoles y Arauca-

nos | Compuesto por el Mapa manuscrito de Poncho Chileno | Por Don Tomas Lopez | Geógrafo de los Dominios de S. M. de las Reales Academias de S. Fernando, So | ciedad Bascongada y de la de Buenas Letras de Sevilla. | Madrid, año de 1777, 0,275 × 0,385.

Bibl. nat. Paris. C. 2647.

(Pour *la Araucana* d'Alonso de Ercilla.)

49. **Codosedo.**—Cotos de | Codosedo | Villar de Santos | y San Munio | Pertenecientes al Partido de Castrotorafe | del Orden de Santiago | 1786. | 0,17 × 0,19.

Manuscrit. original; la carte gravée qui a paru en 1787 est sous le même n°.

Dép. guerre. Madrid, J. 10ª 2ª a 54.

50. **Collioure.**—Plano de la villa y puerto de Collibre por Don Tomas Lopez, 1794, 1 f^{lle}.

Min. de Estado, Madrid. Biblioteca.

51. **Colonia del Sacramento.**—Plano dela Plaza | dela | Colonia | del | Sacramento | Situada sobre la Costa septentrional del Rio de la Plata | Demuestrase las Baterias, y ataques que le pusieron los Españoles el dia 1° de Octubre del año de 1762 | mandados por el Exᵐᵒ S. D. Pedro Cevallos, á quienes se rindió á fines de dho mes y Año | Por D. Tomas Lopez. Madrid. Año de 1777. | Se hallará este con todas las obras del Autor en Madrid en la Calle de Carretas. | 0,42 × 0,39.

Bibl. nat. Paris. C. 2643.

Conejos.—Voir: **Cabrera.**

52. **Conflan.**—Carta que contiene parte de Conflan, las dos Cerdanias, Capsir, valle de Carol, pais de Sault, una porcion del Contado de Foix y fronteras de España. Por D. Tomas Lopez y su hijo D. Juan, Geografos de S. M. Madrid, año de 1794 | Se hallara este en Madrid, Calle de Atocha, frente la casa de los Gremios | 0,335 × 0,345.

Min. de Estado, Madrid. Biblioteca. C. 20.30.

53. **Constantinople.**—Plano topografico de | Constantinopla y de las poblaciones adyacentes. Segun el estado actual á que ha quedado reducida | la Ciudad por los tres incendios de 1782. Marcanse en elevacion sus Mezquitas, señalanse | las Residencias de los Ministros Extranjeros, edificios y sitios notables, con una lata explicacion o nu | meracion de

ellos. Sacado de un plano original remitido desde aquella Corte | Por Don Tomas Lopez. Madrid, año de 1783. | Se hallara este con todas las obras del autor y las de su hijo en Madrid en la Calle de Carretas. | 0,32 × 0,425.

Min. de Estado. Madrid. Biblioteca C. 41,49.

54. **Cordoue.**—Mapa | del | Reyno de Cordova | Por Thomas Lopez, Pensionista de S. M. C. | Año de 1761. | Se hallará en Madrid, Calle ancha de S. Bernardo frente del Monasterio del mismo nombre, su precio es quatro Reales y lo mismo el de las cercanias de Madrid | 0,39 × 0,40.

Dép. guerre, Madrid. L. M. 2ª 1ª d. 3. Bibl. partic. du roi d'Espagne. Bibl. Acad. de l'Histoire. Bibl. nat. Paris. archiv. 2387.

55. — Mapa geográfico | del Reyno y Obispado | de Córdoba | comprehende los partidos | Jurisdiccionales de Córdoba, el | Cárpio, los Pedróches y Santa Eufemia | Por Don Tomas Lopez, Geógrafo de los | dominios de S. M. del numero de la Real | Academia de la Historia, de merito | de la de San Fernando, honorario | de la de Buenas letras de Sevilla y | de varias Sociedades | Madrid año de 1797 | Se hallará este con todas las obras del autor y las de su hijo en Madrid, calle de Atocha, frente la casa de los Gremios | 2 feuilles de 0,45 × 0,32.

Dép. guerre, Madrid. LM. 2ª 1ª d. 2 et 5. Dép. hydrog. Madrid. C 129. Brit. Mus. 156. 6. Bibl. nat. Paris, vol. C. 2920. Bibl. partic. du roi d'Espagne, (Forme les pl. 62 et 63 de l'Atlas de 1810.)

56. **Corse.**—Mapa nuevo | de la Isla de | Corcega | Construido sobre el del Capitan I. Vogt, el que hizo Mr | Robert, sacado del gran manuscrito del Mariscal de | Maillebois, y el que publicó el año pasado en Londres | con la Historia de esta Isla Mr Boswell, hecho el Mapa | por Tomas Phinn | Por el geógrafo D. Tomas Lopez Pensionista de S. M. de la | Academia de S. Fernando. Madrid | Año de 1769 | Se hallará este Mapa con las demas obras del Autor en | Madrid, en su Casa, calle de las Carretas entrando por la | Plazuela del Angel | 0,48 × 0,58.

Bibl. nat. Paris, C. 2696.

57. **Courel.**—Coto de | Courel | con sus Feligresias y pueblos menores | de cada una y tambien el Coto de Visuña | pertenecientes al partido de Castrotorafe del Orden de Santiago | Por Don Tomas Lopez. Madrid año de | 1787 | —Villas y Lugares pertenecientes | al Partido y Vara de | Castrotorafe del Orden de Santiago, situados en la | Roda de Mieza, provincia de Salamanca | —Feligresia de Carracedo | Perteneciente

al Partido de Castrotorafe, de la Orden de Santiago | —Vicaria de Porto es de Castrotorafe. | Feligresia de Campobecerro, Villas y Lugares pertenecientes al Partido de Castrotorafe, en 1 feuille | 0,34 × 0,38.

Dép. hydrog. Madrid. C. 129.

Le ms. original de Lopez et la gravure de la première de ces cartes se trouvent Dép. guerre, Madrid. J. 10ª 2ª a. 53.

58. **Cuenca.**—Mapa | de la Provincia y Obispado de | Cuenca | Comprehende el Señorio de Molina; los Partidos de | Cuenca, Huele y S. Clemente. Construido sobre el | Mapa de este Obispado que corre en nombre del | Licdo Bartolome Ferrer y el Manuscrito del | Señorio de D. Gregorio Lopez | Dedicado | Al Exmo S. D. Manuel Josef Lopez | Pacheco, Tellez, Giron y Toledo, Brigadier de los Exercitos de | S. M. Gentilhombre de su Real Camara con exercicio, Coro | nel de Dragones del Regimiento de la Reyna, Marques de | Villena Aguilar, Duque de Escalona, Conde de Oropesa | Chanciller y Pregonero Mayor de estos Reynos &ª | Por D. Thomas Lopez Pensionista de S. M. | 1766 | Se hallará este con las demas obras | del Autor en Madrid, Calle de las Carretas | frente la Imprenta de la Gaceta | 0,565 × 0,39.

Acad. de l'Hist. Madrid. Dép. Guerre, Madrid. LM. 2ª 2ª b. 2.
Bibl. partic. du roi d'Espagne. Brit. Mus. 156. 6. Bibl. nat. Paris.
Vol. C. 2920.
(Forme le pl. 4 de l'Atlas de 1810.)

59. **Cyropédie.**—Mapa | para la inteligencia de la | Cyripedia | de Xenofonte | ó historia de la vida y hechos de Cyro el Mayor | Por Don Tomas Lopez Geógrafo del Rey | Madrid año de 1780 | 0,31 × 0,20.

Bibl. nat. Paris, C. 2640.

60. — Mapa para la | inteligencia de la entrada de | Cyro el menor en | Asia | y retirada de los | diez mil Griegos | Por D. Tomas Lopez | Geógrafo de los Dominios de S. M. | Madrid año de 1780 | 0,31 × 0,20.

Bibl. nat. Paris, C. 2641.

61. **Entre-Duero y Miño.**—Mapa | de la Provincia de | Entre-Duero y Miño | Construido | segun las mas modernas memorias, | Por D. Thomas Lopez, Pensionista de S. M. | Se hallara en Madrid, frente de S. Bernardo, Año de 1762 | 0,282 × 0,33.

Dép. hydrog. Madrid. C. 129.

62. **Espagne.**—Atlas Geographico | del Reyno de España, é Islas adjacentes | con una breve descripcion de sus Provincias | Dispuesto para la

utilidad publica | Por Thomas Lopez Pensionista de S. M. | en la corte de Paris | Dedicado al Excmo S. D. Jaime | Masones de Lima y | Soto-Mayor &. (s. l. n. d.), 21 cartes.

Bibl. nat. Paris, Ge FF. 9804.

(Avec Dédicace et Prologue. Les cartes datées de 1756 et 1757 ont 0,116 × 0,097, sauf le plan de Madrid en bistre qui a 0,278 × 0,10 y compris la légende et la notice, ce sont: España, Plano de Madrid, Castilla la Nueva, Castilla la Vieja, Leon, Estremadura, Andalucia, Grúnada, Murcia, Valencia, Galicia, Principado de Asturias, Vizcaya, Guipúzcoa, Alava y Rioja, toutes les quatre en 1 feuille, Navarre, Aragon, Calogne, Royaume de Majorque, Royaume de Portugal. Toutes les cartes sont entourées d'un texte gravé.)

63. — Atlas Geographico | del Reyno de España, é Islas adjacentes | con una breve descripcion de sus Provincias | Dispuesto para la utilidad publica | Por D. Thomas Lopez Pensionista de S. M. | en la corte de Paris | Dedicado al Excmo S. D. Jaime | Masones de Lima y | Sotomayor & | Hallaráse en Madrid en casa de D. Antonio Sanz plazuela de la calle de la Paz Año de 1757 (Entièrement gravé).

Bibl. nat. Paris Ge FF 3250.—Réserve.

(Cet atlas avec le Prologue et l'avis au lecteur renferme les mêmes cartes.)

64. — Atlas Geográfico | del Reyno de España é Islas adjacentes con una breve descripcion de sus Provincias | Dispuesto para la utilidad pública | Por D. Thomas López Pensionista de S. M. | en la Corte de Paris | se hallará en Madrid, Calle de Atocha, frente la plazuela del Angel n° | qto 2° | atlas in-12 de 27 pl.

Bibl. nat. Paris Ge FF 4952.

(La dédicace est supprimée. Prologo; les dates sont supprimées, le nom de Thomas aussi et quelques cartes portent le nom de Juan. Voici la composition de cet Atlas.

Mapa de España Por Juan Lopez. Madrid por Lopez (petit plan en noir inscrit dan un cercle). Cercanias de Madrid por D. Juan Lopez. Castilla la nueva... Por Lopez (le nom de Thomas a été effacé sur le planche, l'espace qu'il occupait reste blanc). Castilla la Vieja, Leon Por Lopez, Estremadura Por Lopez. Granada Por Lopez. Murcia Por Lopez. Valencia Por Lopez. Galicia Por Lopez. Principado de Asturias Lopez fecit, Vizcaya, Guipuzcoa, Alava y Rioja Por Lopez. Navarra Por Lopez. Aragon Por Lopez. Cataluña por Lopez. Reyno de Mayorca Por Lopez. El Reyno de Portugal Dividido en Provincias Por Lopez. Vista de Lisboa, segun estaba antes del temblor de tierra. La Provincia de Estremadura Portuguesa. La Provincia de Beyra. La Provincia entre Duero é Miño. La Provincia de Tras-los-Montes. La provincia de Alemtejo y el Reyno de los Algarves.)

65. — España | Dedicada | Al Rey N. S. D. | Fernando VI que Dios guarde | Por Antonio Sanz | año de 1759 Lopez fecit | 0,112 × 0,096.

(En couleurs dans *Kalendario manual é guia de forasteros* en Madrid, 1760, in-16.)

Acad. de la Hist. Madrid.

66. — España | Dedicada | Al Rey N. S. D. | Carlos III | que Dios guarde | Por Antonio Sanz | su Impresor | Lopez fecit 0,115 × 0,095.

(En couleurs, dans la *Guia de forasteros* de 1761.)

Acad. de l'Hist. Madrid.

67. — España | Dedicada | Al Rey N. S. D. | Carlos III | que Dios guarde | Por Antonio Sanz | Año de 1762 | Lopez fecit 0,15 × 0,093.

(En coleurs. Dans la *Guia de forasteros* de 1763.)

Acad. de l'Hist. Madrid.

68. — Neuste Generalkart von Portugal und Spanien. Nach den astronomischen Beobachtungen und Karten des Herrn Thomas Lopez. Wien 1790.

(N° 157, p. 74 du Catalogue de l'exposition cartographique nationale 1903-1904 de Lisbonne.)

69. — Atlas portatil geographico de la Peninsula de las Españas e Islas adjacentes dispuesto por Dn Thomas Lopez, para utilidad publica. Corregido, aumentado y enriquecido con una breve Descripcion Geográphico-Historico-Politica y Militar de todas sus Provincias: y ofrecido á la juventud militar de la Peninsula. Lisbonne, gravé par Carvalho, atlas de 20 pl.

(N° 58, p. 51 du Catalogue de l'Exposition cartographique nationale 1903-1904 de Lisbonne.)

70. — Atlas | d'Espagne et de Portugal | Composé de Cartes Générales et Particulières | de ces Royaumes | Dressées sur les Mémoires de Cantel, Rodrigo Mendez Silva, et sur ceux de M. le maréchal duc | de Noailles | Par Monsr Dutrallage | connu sous le nom de | Tillemont et par M. l'abbé Baudrand | Publiées par J. B. Nolin Géographe du | Roy | En Madrid | En Casa de Thomas Lopez | Pensionista de S. M. C. | et à Pa-

ris chez le Sr Julien à l'Hôtel de Soubise | avec Privilège du Roy | du 25 Janvier 1762 | 0,545 × 0,42.

Brit. Mus. S. 9. 13.

(Lopez n'est dans cet atlas l'auteur que de: Mapa | del Reyno de | Portugal | construido | segun las modernas memorias | Por D. Thomas Lopez, Pensionista de S. M. | Madrid. Año de 1762, 0,298 × 0,398.)

71. — El Reyno | de España Dividido en | Dos grandes Estados | de Aragon y de Castilla | Subdividido en muchas Provincias | donde se halla tambien el Reyno de Portugal | Dedicado á su Magestad Cathólica | Phelipe Quinto | Rey de España y de las Indias &[a] | por su mui humilde y mui obediente servidor I. B. | Nolin Geógrafo ordinario de su Mag. Christianisima | en Madrid | En casa de Thomas Lopez · Pensionista de S. M. C[a] | 1762 | 0,63 × 0,49.

Bibl. partic. du Roy d'Espagne. Brit. Mus. 71 (31 et 40) 18185 (42 et 43) Bibl. nat. Paris, vol. 134.

Avec un second titre en français et l'adresse: A Paris | Chez le Sr Julien à l'Hôtel de Soubise | Avec Privilège du Roy | du 25 janvier 1762.

72. — Mapa | general de | España | Dedicado | Al Serenisimo Señor Don | Carlos Antonio | Principe de Asturias | Dividido en sus actuales Provincias | Construido con lo mejor que hai impreso, manuscrito de este Reyno, y memorias de los naturales, y sujeto | á las observaciones Astronómicas | Por D. Tomas Lopez Geógrafo de los Dominios de S. M. de la Real Academia de S. Fernando | Madrid. Año de 1770 | 0,595 × 0,49.

Bibl. partic. du roi d'Espagne. Bibl. nat. Paris, Pf. 29 (98).

Le ms. original se trouve: Dép. Guerre, Madrid. J. 10[a] 2[a] a, 56.

73. — Regnorum | Hispaniæ | et | Portugalliæ | Tabula generalis | ad statum hodiernum in suas | Provincias divisa | Per D. T. Lopez | in nonnullis emendavit F. L. Güssefeld | Edentibus Homannianis Hœredibus | 1782 | Cum Gratia ac Privil. Sac[e] Cæs[e] Majest. | 0,58 × 0,47.

Brit. Mus. 171 (32).

(En tête de la carte, on lit: «Carte générale d'Espagne et de Portugal divisée en ses provinces actuelles par D. T. Lopez, nouvellement dressée par F. L. G. (Güssefeld) à Nuremberg, chez les Hérit. de Homann l'an 1782.)

74. — Atlas geografico | de España | que comprehende el mapa general de la península, todos los particulares | de nuestras provincias, y el del reyno de Portugal | Por Don Tomas Lopez, | geógrafo que fué de los dominios de S. M. é individuo de varias | academias y sociedades | Año

1810 | Se hallará en Madrid, calle de Atocha, frente á la plazuela del Angel nº 1, y á la casa de los Gremios nº 3 | Atlas gr. in-fol.

Bibl. nat. Paris vol. C 2920. Bibl. nac. Madrid (Estampes).

Min. de Estado, Madrid. Biblioteca.

(Cet atlas contient el Mapa general de España 4 feuilles. Provincias de Madrid, Toledo, Guadalaxara 3 feuilles: Provincia y Obispado de Cuenca 1 feuille; Provincia de la Mancha 1 feuille; Parte de la Provincia de Burgos 4 feuilles; Partido del Baston de Laredo 4 feuilles; Partidos de Santo Domingo y Logroño 1 feuille; Provincias de Soria, Segovia 4 feuilles chacune; Avila 1 feuille; Parte de la Provincia de Leon 6 feuilles; Partido de Ponferrada 2 feuilles; Principado de Asturias 4 feuilles. Provincia de Palencia 2 feuilles; Partidos de Toro, Carrion y Reinosa 1 feuille chacun; Provincia de Valladolid 4 feuilles: Zamora 1 feuille; Salamanca 4 feuilles; Reyno de Galicia 4 feuilles; Provincia de Estremadura 4 feuilles; Reyno de Sevilla 4 feuilles; Reyno y Obispado de Córdoba 2 feuilles; Reyno de Jaen 1 feuille; de Gránada 4 feuilles; Obispado y Reyno de Murcia 1 feuille; Reyno de Aragon 4 feuilles; Principado de Cataluña 4 feuilles; Reyno de Valencia 4 feuilles; Islas Baleares y Pitiusas 2 feuilles; Reyno de Navarra 4 feuilles; Señorio de Vizcaya 1 feuille; Provincias de Guipuzcoa et d'Alava 2 feuilles; Reyno de Portugal 8 feuilles.

(Toutes les cartes qui composent cet Atlas sont décrites séparément dans la présente cartographie.)

75. — Même titre. Segunda edicion corregida por sus hijos. Año de 1830. Se hallará en Madrid calle de Atocha, frente á la casa de los gremios. Atlas gr. in-fol.

Bibl. nac. Madrid B. A. G. 1580.

76. — Descripcion geográfica, histórica, política e pintoresca de España y de sus establecimientos de ultramar Por Don Tomas Bertran Soler... Atlas de España y Portugal por provincias repartidos en 107 pliegos de marca mayor... debidido al celo y laboriosidad de nuestro celebre geógrafo que lo fue de S. M. D. Tomas Lopez. Corregido y aumentado por sus sucesores. Madrid, Ignacio Boix 1844 1 vol. in-fol.

(C'est ici une troisième édition des cartes de Lopez auxquelles a été ajouté un texte considérable. Elle manque dans tous les Dépôts que j'ai visités et je ne l'ai rencontrée que dans la bibliotèque de mon ami Don Ant. Blazquez.)

77. — Carte de l'Espagne antique en partie manuscrite, non terminée et non datée.

Dép. guerre, Madrid. J. 10ª 2ª a. 64.

78. — Mapa | general de | España | Al Serenisimo Señor. Don | Carlos Antonio | Principe de Asturias | Dividido en sus actuales Provincias | Construido con lo mejor que hai impreso, manuscrito de este Reyno | y memorias de los naturales, y sujeto | á las observaciones Astronómicas | Por D. Tomas Lopez Geógrafo de los Dominios de S. M. | Madrid año 1788 | 0,60 × 0,49.

Acad. de l'Hist. Madrid.

(C'est une nouvelle édition de la carte de 1770.)

79. — Mapa general de | España | en el qual se indican sucintamente | los Partidos y Pueblos sueltos pertenecientes á las quatro Ordenes Militares de | Santiago, Calatrava, Alcantara y Montesa | Hecho de acuerdo y á costa del Real y Supremo Consejo de las Ordenes | Por Don Tomas Lopez Geografo de los Dominios de S. M. | Madrid, año de 1790 | 4 feuilles 0,75 × 0,69.

Dép. Guerre, Madrid. J 10ª 2ª a. 5.

(Le manuscrit en couleur sur papier pelure, daté de 1789, se trouve: Dép. guerre, Madrid. J 10ª 2ª a 33.)

80. — Regnorum | Hispaniae | et | Portugalliae | Tabula generalis | ad statum hodiernum in suas | Provincias divisa | por D. T. Lopez | in nonnullis emendavit | F. L. Güssefeld | Edentibus Homannianis Heredibus | 1805 | Cum Gratia et Privil. Sacræ Caesæ Magest. | 0,58 × 0,46.

(Nouvelle édition de l'atlas de 1782, n° 73.)

81. — Mapa general de | España | Dividido en sus actuales | provincias, islas adyacentes y reyno de | Portugal | compuesto con lo mejor que hay impreso, manuscrito | noticias de sus naturales, y sujeto á las observaciones | Astronómicas | Por Don Tomas Lopez Geógrafo de los Dominios de S. M. | con Real Decreto, de la Academia de San Fernando individuo de merito, del numero de la Historia, honorario de la de | Buenas Letras de Sevilla y de las Sociedades Vascongada | y Asturias | Madrid año de 1792 | Se hallará este con todas las obras del autor y las de su hijo en Madrid, calle de Atocha frente la casa de los Gremios. Manzana 159 numero 3 | 4 feuilles de 0,51 × 0,41.

Dép. guerre, Madrid. J 10ª 2ª a 31. Dép. hydr. Madrid. C. 129.

Mus. Brit. 156 6. Atlas de 1810 feuilles A. B. C. D.

82. — Mapa de los Reynos de | España y Portugal | Por Don Tomas Lopez Geógra | fo de los Dominios de S. M. | 1792 | Se hallará en Madrid, calle de Atocha, frente la casa de los Gremios | 0,265 × 0,195.

Dép. guerre, Madrid. J 10ª 2ª a 59.

(Manuscrit original de Lopez. On lit dans le coin supérieur droit: Num. 5.)

83. — Atlas | von | Spanien | in XXVI Blättern ; grossteatheils nach Lopez gezeichnet | von | F. L. Güssefeld. Nürnberg, bey Homanns Erben, 1806, mit Röm. Kaiserl. allergn. Freyheit | 26 cartes de formats divers.

Bibl. nat. Paris Ge FF. 10742.

Cet atlas comprend les feuilles suivantes: 1 Spanien und Portugal; 2 Portugal, nordlicher Theil; 3 Portugal südlicher Theil; 4 Benedictiner Spanien; 5 Meerenge von Gibraltar; 6 Neu-Castilien, östlicher Theil; 7 Neu-Castilien westlicher Theil; 8 Burgos; 9 Soria mit Minorca; 10 Segovia und Avila; 11 et 12 Leon, Valladolid, etc. zwey Blätter; 13 Salamanca; 14 Granada, Cordova und Jaen; 15 Gallicia; 16 Sevilla; 17 Murcia, mit Mallorca; 18 Asturien; 19 Estremadura; 20 Navarra; 21 Guipuzcoa, Biscaya, Alava; 22 Aragonien; 23 Valencia; 24 Catalonien; 25 Majorca, Minorca, Yvica; etc. 26 Minorca.

(Cette adaptation des cartes d'Espagne de Lopez est incomplète à la Bibliothèque nationale de Paris, nous décrirons à leur place alphabétique chacune des cartes que nous possédons.)

84. — Mapa | general de | España | Dedicado | al Serenisimo Señor | Don | Fernando | Principe de Asturias | Por Don Tomas Lopez Geógrafo de | los Dominios de S. M. de varias Academias | Madrid año de 1795. | Se hallará este con todas las obras del autor y las de su hijo en Madrid, calle de Atocha frente la casa de los Gremios | 0,59 × 0,49.

Dép. guerre, Madrid. J. 10ª 2ª a 32. Bibl. nat. Madrid.

Brit. Mus. 18185. 48.

85. — España | abreviada | Conforme á la division | general | Por Don Tomas Lopez | 0,12 × 0,095.

Dans la *Guia de forasteros* de 1798. Acad. de l'Hist. Madrid.

86. — Mapa de una porcion del | Reyno de España | que comprehende los parajes por donde anduvo | Don Quixote | y los sitios de sus aventuras | Delineado por D. Tomas Lopez Geógrafo de S. M. segun las observacio | nes hechas sobre el terreno por D. José de Hermosilla Capitan de Ingenieros | (s. l. n. d.) 0,42 × 0,277.

(Pour l'édition du *Don Quijote* publiée par l'Académie.)

Acad. de l'Hist. Madrid.

87. — Carte de l'Espagne antique, manuscrit non terminé de Tomas Lopez 0,732 × 0,51.

(Le fond de la carte et les cartouches sont gravés et ont 0,59 × 0,485 Les marges sont couvertes d'annotations manuscrites.)

Dép. Guerre, Madrid. J. 10ª 2ª a 64.

88. — Mapa | de la Provincia de | Estremadura | Dedicado | Al Exc^{mo} S. D. Pedro de Alcantara | Pimentel, Henriquez, Luna, Osorio, Guzman, Toledo | y Silva, Hurtado de Mendoza, Marques de Tavara | Conde de Saldaña, de Villada y Duque de Lerma &c, | Grande de España de primera clase, Gentil hom | bre de Camara de S. M. con exercicio, | Para la formacion de este, se ha tenido presente el Mapa | manuscrito de D. Luis Joseph Velazquez, el de el Ma | estre de Campo D. Luis Venegas y nuevamente | sujeto á las memorias remitidas por los natu | rales y á las Observaciones Astronómicas | Dividido en sus Obispados y Partidos | Por D. Thomas Lopez | 1766 | Se hallará en Madrid en casa del Autor, en la Calle de las Carretas | frente de la Imprenta de la Gaceta, con todas sus obras, 2 feuilles de 0,372 × 0,39.

Dép. guerre, Madrid. J 10^a 2^a a 19 (2 exempl.)
Bibl. par. du roi d'Espagne. Brit Mus. 156. 6. Min de Estado, Madrid. Biblioteca, Caja 13.

89. **Estremadure.**—Mapa geográfico | de la Provincia | de Estremadura | Contiene los Partidos de Badajoz, Alcantara, Cáceres, Llerena, Mérida | Plasencia, Trujillo y Villanueva de la Serena | Dedicado | Al Exc^{mo} Sr Don Manuel Godoy y Alvarez de Faria, Rios, Sanchez Zargosa | Principe de la Paz | duque de la Alcudia | Señor del Soto de Roma y del Estado de Albala, Conde de Evoramonte, Grande de | España de primera clase, Regidor perpetuo de Madrid, y de las ciudades de Santiago | Cádiz, Málaga, Ecija y Valencia, y Veintyquatro de Sevilla, Caballero de la | insigne Orden del Toyson de Oro, Gran Cruz de la Real y distinguida Española | de Carlos III, comendador de Valencia del Ventoso, Rivera y Aceuchal en la de Santiago, Caballero Gran Cruz de la Real Orden de Christo, y de la Religion de | San Juan de Jerusalem: Consejero de Estado: Gentilhombre de Camara con exercicio; Capitan gral de Reales Exercitos, Coronel general de los Regimientos Suizos | &&& | Por Don Thomas Lopez, Geógrafo de los Dominios de S. M. del Numero de la | Academia de la Historia, de Merito de la de San Fernando, Honorario de la de Buenas Letras de Sevilla y de las Sociedades Bascongada y Asturias. Madrid año de 1798 | Se hallará este con todas las obras del autor, y las de su hijo en Madrid, Calle de Atocha frente la casa de los Gremios | 4 feuilles de 0,355 × 0,353.

Atlas de Lopez appartenant à M. Foulché-Delbosc.

90. Mapa | de la Provincia | de Extremadura | que contiene | los partidos de Badajox, Alcantara, Cáceres, | Llerena, Mérida, Plasencia, Truxillo | y Villanueva de la Serena | Por D. Tomas Lopez | Geógrafo de los dominios de S. M., de varias | academias y sociedades. | Madrid, año

de 1798 | Se hallará este con todas las obras del autor, y las de sus hijos, en Madrid, Calle de Atocha, frente la casa de los Gremios | 4 feuilles de 0,35 × 0,355.

Bibl. nat. Paris: vol. C. 2920. Dép. guerre, Madrid. J. 10ᵃ 2ᵃ a 20. (Forme les pl. 54 à 57 de l'Atlas de 1810).

— **Estremadure portugaise.** —Voir nº 172.

91. **Europa.**—Mapa de | Europa | segun la extension de sus Estados | y subdividido en sus principales Provincias | Construido sobre los Mejores Mapas nacionales, | y sujeto á las Observaciones Astronómicas | Por el Geógrafo D. Tomas Lopez | Pensionista de S. M., de la Academia de S. Fernando | Año de 1769 | Este Mapa y los que se han hecho se hallaran en Madrid en casa del Autor, Calle de las Carretas, 0,49 × 0,48.

Bibl. nat. Paris, C. 1757.

92. Mapa de | Europa | Dividido | segun la extension de sus Estados | y subdividido en sus principales Provincias. | Construido sobre los mejores | Mapas nacionales | y sujeto á las observaciones Astronómicas | Por el Geógrafo D. Tomas Lopez. | Año de 1791. | Este Mapa y los que se han hecho, se hallaran en | Madrid en casa del Autor, Calle de Astoda (*sic*) 0,58 × 0,43.

Bibl. nat. Paris, C 6810.

Fez. Voir: **Maroc.**

Formentera. Voir: **Cabrera.**

93. **Fortaventure.**—Mapa | de la Isla de | Fuerteventura | Por Don Tomas Lopez | Geógrafo de los Dominios de S. M. | de las Reales Academias de la | Historia, de San Fernando, de la de | Buenas Letras de Sevilla, y de la Sociedad Bascongada de los Amigos | del | Pais | Madrid, año de 1779 | Se hallará este con todas las obras del autor en Madrid, en la Calle de Carretas, entrando por la Plazuela del Angel | 0,45 × 0,38.

Bibl. nat. Paris. C. 2666.

94. **Galice.**—Mapa geográfico del Reyno de | Galicia | contiene las Provincias de Santiago | Coruña, Betanzos, Lugo, Mondoñedo, Orense | y Tuy | Dedicado Al Excelentisimo Señor | Don Joseph Moñino | Conde de Florida Blanca | Cavallero Gran Cruz de la Real Orden de Carlos III | Consejero de Estado de S. M., su Primer Secretario de Estado y del Despacho | Superintendente general de correos terrestres y maritimos, de las Postas y | Renta de Estafetas en España | y en las Indias

y de los Caminos de España | Encargado interinamente de la Secretaria de Estado y del Despacho de Gracia | y Justicia y de la Superintendencia de los Positos del Reyno | Por Don Tomas Lopez Geógrafo de los Dominios de S. M. de las | Reales Academias de la Historia, de San Fernando, de la de Buenas Letras | de Sevilla y de la Sociedad Bascongada. Madrid, año de 1781. | Se hallará este con todas las obras de su autor en Madrid, Calle de Atocha, casa nueva de Santo Tomas. M. 159 N. 3. Año de 1781 | 4 feuilles de 0,41 × 0,38.

Brit. Mus. 19090, 7 et 156.6. Bibl. partic. du Roi d'Espagne. Bibl. nat. Paris. vol. C. 2920. (Forme les pl. 50 à 53 de l'Atlas de 1810).

95. **Garábanes.**—Cotos de | Garabanes | y de la Barra | Pertenecientes al Partido de Castrotorafe | del Orden de Santiago | Por D. Tomas Lopez | Madrid, año de 1786 | 0,17 × 0,19.

Dép. guerre, Madrid. J. 10a 2.a a 51.

(Manuscrit original en couleurs. La carte gravée est sous le même numéro, mais porte la date 1787.—Voir aussi: **Roas.**)

96. **Gênes.**—Mapa geográfico de la Republica | de Genova | que tambien contiene parte del Piemonte | los Contados de Tende, Niza, Asti, el Monferrato, los Ducados de Parma, Plasencia, Milan, &a | Por D. Tomas Lopez, Geógrafo de los Dominios | de S. M. de varias Academias | Madrid, año de 1796 | Se hallara este con todas las obras del autor y las de su hijo, en Madrid, Calle de Atocha, frente la casa de los Gremios | 0,54 × 0,58.

Min. de Estado, Madrid. Biblioteca, Caja 6.

— **Getafe.**—Voir plus loin n° 131.

97. **Gibraltar.**—Mapa topografico | de los Payses y Costas que forman el Estrecho de Gibraltar | Con quatro Tablas, para saber por los dias de la | Luna, las horas y los minutos de las Mareas | Flujo y Reflujo de este Estrecho extraordina | rios de los otros Mares, con algunas observa | ciones sobre sus corrientes, sacado de vari | as memorias impresas y manuscritas | Por D. Thomas Lopez Pensionista de S. M., 1762 | Se hallará en la Calle del Ave Maria, casa de los naturales, quarto secundo, y frente de S. Bernardo | 0,392 × 0,40.

Bibl. partic. du Roi d'Esp. Brit. Mus. 156.6. Bibl. nat. Paris. C. 2683 et 18440 (10).

98. — Plano geométrico de la ciudad de | Gibraltar | con las obras nuevas que han construi | do los Ingleses | los Ataques que empezó el

Exercito de España | en el Mes de Febrero de 1727 | y la Lignea que se construió despues de | levartado el sitio | Por D. Tomas Lopez, Pensionista de S. M. Año de 1762 | Se hallará en Madrid, en la Calle del Ave Maria, casa de | los Naturales, quarto segundo y frente de S. Bernardo | 0,38 × 0,38.

Dép. guerre, Madrid. L. M. 2ª 1ª a 125.
Brit. Mus. 18425 (14).—Bibl. nat. Paris. archiv. 2362.
(Avec 2 vues de Gibraltar dans le haut de la carte).

99. — Carta de la | Bahia de | Gibraltar | Por Don Thomas Lopez | Geógrafo de los Dominios de S. M. | Madrid y Agosto de 1779 | Este se hallará con todas las obras del autor, el de la Plaza de Gibraltar y el del Estrecho, en Madrid, en la Calle de las Carretas entrando por la Plazuela del Angel. | 0,39 × 0,43.

Brit. Mus. 156.6. Bibl. nat. Paris. C. 2684.

100. — Plano geométrico de la ciudad de | Gibraltar | con las obras nuevas que han construi | do los Ingleses, nuestras nuevas Baterias, y la Lignea que se construió despues de | levantado el sitio, el año de 1727 | Por D. Tomas Lopez, Pensionista de S. M. Año de 1781 | Se hallara este con el Estrecho, la Bahia, y todas las obras del autor, en Madrid, Calle de las Carretas | 0,39 × 0,385.

Bibl. nat. Paris. C. 2685.—Brit. Mus. 156.6.

Gomera (Isla dè la).—Voir: **Palma.**

101. **Grenade.**—Mapa del Reyno de | Gránada | Construido sobre las mejores y más modernas memorias | y Dedicado | Al Exmo S. D. Sebastian de la Quadra | Llanera y Medrano | Marques de Villarias, Cavallero de la Rl Ordn | de S. Genaro y de la de Santiago, del Consejo de | S. M. en el Supremo de Estado &c. | Por Thomas Lopez Pensionista de S. M. | Madrid. Año de 1761 | Se hallará este con el de las Cercanias y el de Jaen, Calle ancha frente el monasterio de S. Bernardo y en casa del Autor, Calle del Ave Maria, su precio es quatro reales | 0,78 × 0,385.

Bibl. partic. du Roi d'Espagne. Bibl. nat. Paris. Archiv. 2382.

102. — Parte meridional, de las costas d'España | con | Los Reynos de Granada | y Andalucia | y poblaciones de los antiguos Reynos | de Cordúa, de Sevilla y Jaen | con todos los apellidos antiguos de las Ciudades | Principales para Inteligencia de las Istorias | Sacado el todo de las Memorias mas ciertas | que ofrece á la Real Magestad del Rey | Catolico de las Españas y Indias | D. Felipe V | Que Dios guarde Muchos

años por su gloria y | felicidad de sus Vasallos | El mas humilde criado de S. M. I. B. Nolin Geógrafo ord | de la Magestad Christianissima | En Madrid. En casa de Thomas Lopez Pensionista de S. M. C. 1762 | 0,84 × 0,532.

Brit. Mus. 19190. 4 & 72.2.

Un second titre en français porte: Partie méridionale des côtes | d'Espagne | où sont les royaumes de Granade | et d'Andalousie | Avec l'étendue des Anciens Royaumes de Cordüa, de Sevilla et de Iaen | et les noms Anciens des principales Villes pour servir | à l'Intelligence de l'Histoire | Dressé sur les Mémoires les plus Nouveaux | et Dédié | à Sa Majesté Catholique | Philippe V roy d'Espagne. | Par son très humble et très obéissant serviteur I. B. Nolin | Géographe ordinaire du Roy | A Paris, Chez le Sr Julien à l'Hotel de Soubise | Avec Privilege du Roy du 25 Janvier 1762. |

103 — Granadæ, Cordovæ | et Gienensis Regna | ex Thoma Lopezii Mappis | colligavit F. L. Güssefeld | Norimbergæ, apud | Homannianos Heredes A° 1782 | Cum Privilegio S Cæsar Majest. | 0,57 × 0,46.

Brit. Mus. 77.50.

Le titre courant porte: Charte géographique des Provinces de Granada, Cordova et Jaen, dressé sur les Mémoires du Sr. T. Lopez par F. L. Güssefeld à Nuremberg Chez les Héritiers de Homann, 1782, Avec Privilège de Sa Majesté Impériale.

104. — Mapa geográfico del Reyno de | Granada | contiene los partidos de la ciudad de Granada | su vega y sierra, el Temple y General de Zafayona, las villas, valle de Lecrin | Alpujarras, Adra, estado de Orgiba, estado de Torbiscon, Motril, Almuñecar y | Salobreña, Loja, Alhama, Velez-Málaga, Málaga, quatro villas de la hoya | de Málaga, Ronda, Marbella, Guadix, Baza y Almería | Por D. Tomas Lopez | Geógrafo de los dominios de S. M. | del número de la Real Academia de la Historia | de merito de la de San Fernando | honorario de la de Buenas Letras de Sevilla | y de las Sociedades Bascongada y de Asturias | Madrid año de 1795. | Se hallará este con todas las obras del autor y las de su hijo, en Madrid, Calle de Atocha, frente la casa de los Gremios. Tambien hay el Atlas elemental, el Mapamundi y las quatro partes.—4 feuilles de 0,42 × 0,38.

Dép. guerre Madrid. J. 10a 2a a 12 et 37. Brit. Mus. 156.6.
Bibl. nat. Paris, vol. C. 2920. (Pl. 65 à 68 de l'Atlas de 1810).
Acad. de l'Hist. Madrid.

105. Mapa geográfico del Reyno de | Granada | contiene los partidos de la ciudad de Granada | su vega y sierra, el Temple y general de Zafayona:

las villas, valle de Lecrin | Alpujarras, Adra, estado de Orgiba, estado de Torbiscón, Motril, Almuñecar y | Salobreña, Loja, Alhama, Velez-Málaga, quatro villas de la hoya de Málaga, Ronda, Marbella, Guadix, Baza y Almería | Dedicado al Excelentísimo Señor | Don Manuel de Godoy | y Alvarez de Faria, Rios, Sanchez, Zarzosa, Duque de la Alcudia | Señor del Estado de Atbala | Grande de España de primera clase: | Regidor perpetuo de la Ciudad de Santiago | Caballero de la Insigne Orden del Toyson de Oro: Gran Cruz de la Real y distinguida | Española de Carlos Tercero, Comendador de Valencia del Ventoso, Rivera y Aceu | chal en la de Santiago, Caballero gran Cruz de la Religion de San Juan, Con | sejero de Estado: primer Secretario de Estado y del Despacho Secretario de la Rey | na nuestra Señora: Superintendente general de Correos y Caminos, Protector de | la Real Academia de las Nobles Artes y de los Reales Gabinete de Historia Natural, | Jardin Botánico, Laboratorio Chimico, Observatorio Astronomico, Gentilhombre de Ca | mara con exercicio, Capitan General de los Reales exercitos, Inspector y Sargento ma | yor del Real Cuerpo de Guardias de Corps & & & | Por Don Thomas Lopez, Geografo de los dominios de S. M. del número de la Real | Academia de la Historia, de merito de la de San Fernando, honorario de la de | Buenas Letras de Sevilla y de las Sociedades Bascongada y de Asturias | Madrid año de 1795 | Se hallará este con todas las obras del autor y las de su hijo, en Madrid, Calle de Atôcha, frente la casa de los Gremios. Tambien hay el Atlas elemental, el Mapa Mundi y las quatro partes. | 4 f[lles] de 0,421 × 0,37.

Min. de Estado, Madrid. Biblioteca, Caja 15 et 23.

106. — Mapa geografico del Reyno de | Granada | contiene los partidos de la ciudad de Granada | su vega y sierra, el Temple y general de Zafayona: las villas, valle de Lecrin | Alpujarras, Adra, estado de Orgiba, estado de Torbiscon, Motril, Almuñecar y | Salobreña, Loja, Alhama, Velez-Málaga, quatro villas de la hoya | de Málaga, Ronda, Marbella, Guadix, Baza y Almeria | Dedicado al Excelentisimo Señor | Don Manuel de Godoy | y Alvarez de Faria, Rios, Sanchez, Zarzosa | Duque de la Alcudia | Señor del Estado de Atbala | Grande de España de primera clase; Regidor perpetuo de la Ciudad de Santiago | Cavallero de la Insigne Orden del Toyson de Oro. | Gran Cruz de la Real y distinguida Española de Carlos Tercero: Comendador de Valencia del Ventoso, Rivera y Aceu | chal con la de Santiago | Caballero gran Cruz de la Religion de San Juan, Con | sejero de Estado: primer Secretario de Estado y del Despacho Secretario de la Rey | na nuestra Señora: Superintendente general de Correos y Caminos: Protector de la | Real Academia de las Nobles Artes y de los Reales Gabinete de Historia Natural | Jar-

din Botánico, Laboratorio Chimico, Observatorio Astronómico: Gentil hombre de Ca | mara con exercicio: Capitan general de los Reales exercitos: Inspector y Sargento mayor | del Real Cuerpo de Guardias de Corps &. &. & | Por Don Tomas Lopez, Geógrafo de los dominios de S. M. del número de la Real | Academia de la Historia, de merito de la de San Fernando, honorario de la de | Buenas Letras de Sevilla y de las Sociedades Bascongadas y de Asturias | Madrid, año de 1797. | Se hallará este con todas las obras del autor y las de su hijo, en Madrid, Calle de Atocha, frente la casa de los Gremios. Tambien hay el Atlas elemental, el Mapa Mundi y las quatro partes | 4 flles de 0,41 × 0,37.
(Fait partie de l'atlas de Lopez appartenant à M. Foulché-Delbosc.)

107. **Guadalajara.**—Mapa de la Provincia de Guadalajara | Comprehende el Partido de Guadalajara, la tierra | de Jadraque, la de Hita, la de Buitrago, el Partido de Siguenza y el de Colmenar Viejo Construido sobre los mejores | Mapas impresos y | Manuscritos | Sujeto á las observaciones Astronómicas | Dedicado | Al S. D. | Por Dn Thomas Lopez, Pensionista de S. M. | 0,39 × 0,385.

Dép. guerre, Madrid. L. M. 3a 1a b. 5.
(Croquis avancé avec annotations marginales).

108. — Mapa | de la Provincia de Guadalaxara | Comprehende | el Partido de Guadalaxara, la tierra | de Jadraque, la de Hita, la de Bui | trago, el Partido de Siguenza y el de | Colmenar Viejo, Construido sobre | los mejores Mapas impresos y Ma | nuscritos y sujeto á las observaciones | Astronómicas | Dedicado | Al Exmo S. D. Pedro de Castejon | y Davila, Suarez de Mendoza, Borbon, Alvarez | de Toledo, Ponce de Leon, Marques de Velamazan | y Gramosa, Conde de Coruña, Grande de España de | primera clase & Oficial mayor de | Rs Guardias de Corps | Por D. Tomas Lopez | Pensionista de S. M. | 1766. | Se hallará este en casa del Autor, en Madrid, en la Calle de las Carretas, frente la imprenta de la Gaceta con todas sus obras | 0,395 × 0,385.

Brit. Mus 1566. Bibl. partic. du Roi d'Espagne.
Dép. guerre, Madrid. L. M. 3a 1a b. 2. Bibl. nat. Paris, vol. C 2920.
Pl. 3 de l'Atlas de 1810. Une nouvelle édition de cette carte a été publiée en 1819, elle porte: Segunda edicion et se trouve Dép. hydr. Madrid. C 129.

109. **Guadalupe.**—Mapa geográfico | de las tierras de | Guadalupe | con los terrenos inmediatos | Comprehendidos entre los Rios Tajo y Guadiana | Dedicado al rmo pe prior y monasterio | de Santa Maria la Real de Guadalupe | Por D. Tomas Lopez | Geógrafo de los dominios de

S. M. | Madrid, año de 1781. | Se hallará este con todas las obras del Autor en Madrid, Calle de las Carretas | 0,44 × 0,35.

Acad. de l'Hist. Madrid. Dép. guerre, Madrid. J. 10ª 2ª a 22.
Bibl. partic. du Roi d'Espagne. Dép. hydr. Madrid, C 129.
Brit. Mus. 156.6. Bibl. nat. Paris. C 2676.
Le ms. original se peut voir Dép. guerre, Madrid. L.M. 4ª 1ªg. 16.

110. **Guinée.**—Carta reducida del | Golfo de Guinea | donde entre otras islas, esta la de Annobon y la de | Fernando del Pó, cedidas al Rey N. S. por la Reyna Fidelisima, en virtud | del Articulo XIII del Tratado de Amistad, Garantia y | Comercio, concluido entre las dos Cortes en | 24 de Marzo de 1778. | Por D. Tomas Lopez Geógrafo de los Dominios de S. M. | Se hallará este con todas las obras del Autor en Madrid, en la Calle de Carretas, entrando por la Plazuela del Angel | 0,39 × 0,355.

Bibl. nat. Paris. C. 2663.

111. **Guipuzcoa.**—(Carte de Guipuzcoa, manuscrite sans titre avec notes autographes de Tomas Lopez). 1 f^lle ms^te 0,57 × 0,40.

Dép. guerre, Madrid. L.M. 3ª 1ª c. 54.

112. —Mapa | de la M. N. Y. M. L. Provincia de Guipuzcoa | construido | Sobre las memorias de los Naturales, y sobre | el Mapa de la Costa manuscrito levantado | Por los Ingenieros | Por el Geógrafo D. Tomas Lopez | Pensionista de S. M. de la Academia de | S. Fernando. | Año de 1770. | Se hallará este Mapa, con las demas obras del Autor, en Madrid, en la Calle de las | Carretas entrando por la Plazuela del Angel | 0,39 × 0,38.

Dép. guerre, Madrid. L.M. 3ª 1ª c. 54. Bibl. partic. du roi d'Espagne.
Bibl. nac. Madrid. British Museum 156.6. Bibl. nat. Paris, vol. C. 2920.
(Pl. 89 de l'atlas de 1810).

113. —Mapa | de la Provincia de | Guipuzcoa | construido segun las noticias de sus naturales | Por D. Tomas Lopez Geógrafo que fue de los dominios de S. M. | Se hallará este Mapa con las demas obras del Autor en Madrid, en la Calle de | Atocha, entrando por la Plazuela del Angel. Manz. 158, nº 1 q^to 2º | 0,395 × 0,38.

Bibl. nac. de Madrid. Dép. hyd. Madrid C. 129.

114. — Provinciarum | Guipuscoæ, Alavæ | et Biscayæ. | Tabula geographica ex D. Tom. Lopez mappis colligavit & ad astronomicas Observa-

ciones | accommodavit F. L. Güssefeld. | Excuderunt Hom. Heredes | 1800. | Cum Gratia ac Privil. S. C. M. 0,57 × 0,45.

Bibl. nat. Ge FF. 10162.

(Le titre courant porte: Carte géographique contenant les Provinces de Guipuzcoa, de Alava et de Biscaye dressée nouvellement selon les cartes du Sr Tom. Lopez & accommodée sur les observations astronomiques par F. L. G. Publié par les héritiers d'Homann 1800.)

115. **Havane.**—Plano de la Ciudad | y puerto de la | Habana | Por Don Tomas Lopez | Geógrafo de los Dominios de S. M. | Madrid. Año de 1785. | Se hallará este en Madrid, con todas las obras del Autor y las de su Hijo, en la Calle de Atocha frente de la Aduana Vieja | 0,375 × 0,335.

Bibl. nat. Paris, C. 2651.

116. **Iviza.**—Mapa | de la Isla de | Iviza | dividido en cinco partes llamadas quartones | Reducido por el que Levantó el Capitan | é Ingeniero ordinario | D. Josef Garcia Martinez, año de 1765. | Por D. Tomas Lopez Geógrafo de los Dominios | de S. M. de las Reales Academias de S. Fernando | de la Sociedad Bascongada de los Amigos del Pais, | de la de Buenas Letras de Sevilla | Madrid. Año de 1778. | Se hallará este con todas las obras del autor en Madrid, en la Calle de las Carretas, entrando por la Plazuela del Angel | 0,68 × 0,38.

Dép. guerre, Madrid. LM. 1a 1a f. 5. Brit. Mus. 156.6. Bibl. nat. Paris, C. 2641.

Bibl. nat. Madrid. Bibl. partic. du Roi d'Espagne.

Le manuscrit de Lopez se trouve Dép. guerre, Madrid. LM. 1a 1a f. 94.

117. **Jaen.**—Mapa del | Reino de Jaen | 0,29 × 0,328.

Dép. guerre, Madrid. LM. 3a 1a f. 14.

(Croquis manuscrit, sans date de Lopez.)

118. — Mapa del | Reyno de Jaen | Construido | Segun las mas modernas y mejores memorias | Por Thomas Lopez Pensionista de S. M. C. | Madrid, Año de 1761 | Se hallará en Madrid, Calle ancha frente al Monasterio de S. Bernardo y en casa del autor, Calle del Ave Maria, esquina de la del Olmo en la casa nueva. Su precio es quatro reales | 0,29 × 0,325.

Dép. guerre, Madrid. LM. 3a 1a f. 2. Bibl. partic. du Roi d'Espagne.

Brit. Mus. 156.6. Bibl. nat. Paris, archiv. 2415.

119. — Mapa geografico | del Reyno de | Jaen | Dividido en los Partidos de | Jaen, Baeza, Ubeda, Andujar, Martos y | las Poblaciones de Sierra

Morena | Por Don Tomas Lopez Geógrafo de los dominios | de S. M., de las Reales Academias de San Fernando, de | la Historia, de la de Buenas Letras de Sevilla y | de las Sociedades Bascongada y de Asturias. | Madrid, año de 1787. | Se hallará este, con todas las obras del Autor y de su hijo en Madrid, en la Calle de Atocha, frente de la Aduana vieja, Manzana 159, n° 3. 0,40 × 0,37.

Bibl. nat. Madrid, Bibl. nat. Paris, vol. C. 2920. Brit. Mus. 18375.1.

Bibl. partic. du Roi d'Espagne.

Pl. 64 de l'Atlas de 1810. L'original ms. est. Dép. guerre, Madrid. LM. 3ª 1ª f. 1.

120. **Labur.**—Carta que comprehende el Pais de Lavur, la Navarra baxa y fronteras de Guipuzcoa y del Reyno de Navarra, por D. Tomas Lopez y su hijo D. Juan, Geografos de S. M. Madrid, año de 1793. | 0,34 × 0,34.

Min. de Estado, Madrid. Biblioteca, Caja 20, 35.

121. **Lanzarote.**—Mapa | de la Isla de | Lanzarote | Por Don Tomas Lopez | Geógrafo de los Dominios de S. M. | de las Reales Academias de la | Historia, de San Fernando, de la de Buenas Letras de Sevilla y de la Sociedad | Bascongada de los Amigos del Pais | Madrid Año 1779 | Se hallará este con todas las obras del autor en Madrid, en la Calle de las Carretas, entrando por la Plazuela del Angel | 0,395 × 0,38.

Bibl. nat. Paris, C. 2667.

—Laredo: Voir **Baston de Laredo.**

122. **Leon.** – Mapa geografico | de una parte de la Provincia de | Leon | ; comprehende el partido, corregimiento, real | Adelantamiento, Jurisdiccion ordinaria, Infantadgo, Vega coñ | Ardon, las Hermandades, consejos, el Contado de Colle | la Merindad de la Cepeda, y la Abadia de Arbas | Por Don Tomas Lopez, Geógrafo de los Dominios de S. M, de | las Reales Academias de la Historia, de San Fernando, de la de | Buenas Letras de Sevilla y de las Sociedades Bascorgada y | de Asturias Año de 1785. | Se hallará este con todas las obras de su autor y las de su hijo en Madrid, en la Calle de Atocha, frente de la Aduana vieja. Manz. 159, núm. 3. 6 flles de 0,41 × 0,36.

Dép. guerre, Madrid. LM. 3ª 1ª g. 1. Bibl. partic. du Roi d'Espagne.

Brit. Mus. 156.6. Bibl. nat. Paris, vol. C, 2920 et FF 3838.

(Planches 24 à 29 de l'Atlas de 1810).

123. — Legionis, Vallisoleti, Palenciæ | Tauri et Zamoræ | Provinciarum | Charta geographica | Ex illis D. Tomas Lopezii collecta | a F. L. Güs-

seteld. | In lucem edita per Homann Hered. | Norimbergæ. 1802 | Cum gratia et privil. S. C. M. | 0,78 × 0,525.

Nos 11 et 12 de : Güsseleld F. L., Atlas von Spanien... ci-dessus décrit.

Bibl. nat. Paris, Ge FF. 10742.

124. **Llerena.**—Mapa geografico del Partido de Llerena | con la vara de Segura de | de *(sic)* Leon, la de Azuaga, y Pueblos | enagenados de la Orden en el mismo | Partido | Por Don Tomas Lopez Geógrafo de los Dominios de S. M, de las Reales Academias | de la Historia, de San Fernando, de la de | Buenas Letras de Sevilla y Sociedad | Bascongada | Madrid, año de 1762 | 0,35 × 0,39.

Dép. guerre Madrid, LM. 1a 1a e 27.

(Dessin original de Lopez).

125. — Mapa geografico del Partido de | Llerena | perteneciente á la Orden de Santiago | comprehende el Gobierno de Llerena, las Varas | de Segura, de Leon, Aznaga y Hornacho, Usagre, y el Corregimiento de Guadalcanal y Pueblos | enagenados de la Orden en el mismo Partido, hecho de acuerdo y á costa del Real y Supremo | Consejo de las Ordenes | Por don Tomas Lopez, Geografo de los Dominios de S. M. | Madrid, año de 1783 | 0,345 × 0,385.

Dép. guerre, Madrid. LM. 1a 1a e 28. Acad. de l'Hist. Madrid.

Dép. hydrog. Madrid, C. 129.

(Manuscrit. original avec la planche gravée, sous le même numéro.)

126. **Louisiane.**—La Luisiana | Cedida al Rei N. S. por S. M. Christianisima | con la Nueva Orleans, é Isla | en que se halla esta Ciudad | Construido sobre el Mapa de Mr D'Anville | Por D. Tomas Lopez. En Madrid | año de 1762. | Se hallará en la Calle de | Ave Maria, Casa de los Naturales | 0,395 × 0,40.

Bibl. nat. Paris, C. 2668.

(Avec un plan de la Nouvelle Orléans dans le haut de la carte).

127. **Lugo.**—Mapa general | del Obispado de | Lugo | Delineado con la posible exactitud; de | orden de el Yllmo Señor Don Juan | Saenz de Buruaga, Obispo y Señor | de dicho Obispado | Año de 1768. | Tomas Lopez Sculp. Madrid, 1768 | 0,57 × 0,422.

Acad. de l'Hist. Madrid. Dép. guerre, Madrid. LM 3a 1a I 9.

128. **Madrid** (Province de).—Mapa de la Provincia de | Madrid | Comprehende el Partido de Madrid | y el de Almonacid de Zorita | Cons-

truido por Tomas Lopez de Vargas | Machuca, Geógrafo de los Dominios de S. M. | Madrid, año de 1772 | 0,56 × 0,345.

Dép. guerre, Madrid. LM. 3ª 2ª a 33.

(Original avec notes marginales.)

129. — Mapa | de la Provincia de | Madrid | Comprehende el Partido de Madrid | y el de Almonacid deZorita | Compuesto por D. Tomas Lopez de Vargas Machuca, Geógrafo | de los Dominios de S. M. por Real Despacho, de la | Academia de S. Fernando, y de la Real Sociedad Bascongada de los Amigos del Pais | Madrid año de 1773. | Se hallará este con las Provincias particu | lares de España, el general de ella, el Mapa Mundi, las quatro partes y todas las obras | del Autor, en Madrid en la Calle de las Carre | tas, entrando por la plazuela del Angel | 0,385 × 0,31.

Dép. guerre, Madrid. LM. 3ª 2ª a 1. Dép. hydrog. Madrid, C 129.

Brit. Mus. 156.6.

Bibl. partic. du Roi d'Espagne. Bibl. nat. Paris, archiv. 2386 et vol. C 2920.

(Pl. I de l'Atlas de 1810.)

130. — Mapa general de la Provincia de | Madrid | comprehende su Partido y el de Almonacid de Zorita | Por Don Tomas Lopez, año de 1783 | 0,17 × 0,14.

Dép. guerre, Madrid. LM. 3ª 2ª a 26.

(Manuscrit original de Lopez.)

131. — Nous avons relevé une vue du village de Brunete dessinée avec Rafael de Lozoya et avec M. Saenz une vue de Getafe, toutes deux dans la Province de Madrid, ce qui nous fait nous demander si ces deux gravures ne devaient pas illustrer la description de la Province de Madrid qui fut détruite par T. Lopez.

Bibl. nat. Paris. Barbier 1461 et 1462.

132. **Madrid** (Partido de).—Mapa Geografico del Partido de | Madrid | Perteneciente á su Provincia | Por Don Tomas Lopez | Madrid, año de 1767. | 0,17 × 0,14.

Dép. guerre, Madrid. LM. 3ª 2.ª a 24.

(Manuscrit de Lopez.)

133. **Madrid** (Ville de).—Plano de Madrid | Por Lopez. 1757 | 0,275 × 0,10.

Dans: *Guia de forasteros* 1758.

Acad. de l'Hist. Madrid.

134. — Plano de Madrid | Reducido por D. Ventura Rodriguez | Grabado y Adornado por Lopez año de 1759. 0,19 × 0,105.

Dans: *Guia de forasteros* 1759.

Acad. de l'Hist. Madrid.

135. — Año de 1762. Plano de Madrid. Reducido y grabado por T. Lopez y nuevamente corregido por D. Ventura Rodriguez | 0,15 × 0,10.

Dans *Kalendario manual y guia de forasteros* 1765.

Acad. de l'Hist. Madrid

136. — Plano geométrico de | Madrid | Dedicado y presentado al Rey Nuestro Señor Don | Carlos III | por la mano del Excelentisimo Señor | Conde de Floridablanca | su autor don Tomas Lopez geógrafo de S. M. | de las Reales Academias de la Historia, de San Fernando | de la de Buenas Letras de Sevilla y de las Sociedades | Bascongada y Asturias | Madrid Año de 1785. | Se hallará este Plano con todas las obras | del autor y las de su hijo en Madrid, Calle de Atocha, Casa nueva de Santo | Thomas Quarto principal Num. 1 | 0,93 × 0,56.

Bibl. nac. Madrid. Bibl. partic. du Roi d'Espagne.

Acad. de l'Hist. Madrid. Brit. Museum 156.6.

Bibl. nat. Paris B 1646 et 3799 (503).

137. — Plano | del Desaguadero para | el Amphiteatro del Bayle | de los Caños del Peral | con el orden que deben observar los Coches que aguardan | T. Lopez fecit Madrid 1761 | 0,285 × 0,27.

Bibl. nac. Madrid.

138. **Madrid** (Environs de). — Mapa de las | Cercanias de Madrid | Dedicado al Rey Nuestro Señor | Don Carlos III | Rey de España y de las Indias | Por su mas humilde Vasallo y Pensionista Thomas Lopez año de 1761 | 0,41 × 0,43.

Bibl. nat. Paris, archiv. 2384.

139. — Mapa | de las cercanias de | Madrid | Por D. Thomas Lopez Pensionista de S. M. | En Madrid, Año de 1763. | 0,385 × 0,39.

Dép. guerre, Madrid. I.M. 3ª 2ª a 17. Bibl. partic. du Roi d'Espagne.

Brit. Mus. 156.6 Bibl. nat. Paris C 2686 et archiv. 2385.

140. — Cercanias de | Madrid | Por D. Tomas Lopez. | Ha hecho el mismo Autor en escala mayor las provincias particulares de España | 0,14 × 0,15.

Dans: *Guia de forasteros* de 1789. Acad. de l'Hist. Madrid.

141. **Majorque.**—Mapa | de la Isla de Mallorca | y de la de Cabrera | se tubo presente para la composicion de | este el de | D. Francisco Garma, varios manuscritos y particularmente el de el | Teniente coronel reformado D. Juan de | Landaeta, y el mui especial que se levan | tó del puerto mayor y menor de | Alcudia | Por D. Tomas Lopez, Geógrafo de los | Dominios de S. M. por Real Despacho | y de la Academia de S. Fernando. Madrid, año de 1773. | Se hallará este con las demas Provincias de España, el general de ella, el Mapa Mundi, las quatro partes y las demas obras del autor en Madrid, en su casa, Plazuela del Angel | 0,70 × 0,395.

Dép. hydr. Madrid. Dép. guerre, Madrid. LM 1ª 1ª f. 5.

Bibl. particul. du Roi d'Espagne, Brit. Mus. 156.6. Bibl. nat. Paris C. 2681.

(Le ms. de Lopez daté de 1772 se trouve Dép. guerre, Madrid. LM 1ª 1ª f. 93.)

142. — Insularum | Mallorca & Cabrera | Charta geográfica | Opera et studio Domini | Thomas Lopez Regis Hisp. | præstantissimi Geographi | Homann Heredes excuderunt | Norimbergæ 1798 | Cum Privil. Sac. Cæsar. Maj. | 0,28 × 0,43.

Bibl. nat. Paris C 14798.

143. **Manche.**—Provincia de la | Mancha | Donde se comprehenden los Partidos | de Ciudad Real, Infantes y Alcazar | Compuesta sobre las mejores memorias | Impresas y manuscritas, y sujeta á las observaciones Astronómicas | Dedicada Al Sr. D. Joseph Elias Gaona Portocar | rero, Varona, Arias y Rozas, Conde de Valdeparaiso. Marques de Añavete | Mayordomo de Semana del Rey | Nro Señor &c. | Por D. Thomas Lopez Pensionista | de S. M. | 1765. | Se hallará este con las demas obras del Autor | en Madrid en la Calle de las Carretas, frente | de la Imprenta de la Gaceta | 0,38 × 0,38.

Bibl. nac. Madrid. Dép. guerre, Madrid. LM, 2ª 1ª d 6. Bibl. partic. du Roi d'Espagne.

Brit. Mus. 156.6. Bibl. nat. Paris. vol. C-2920 (Pl. 5. de l'Atlas de 1810).

(Le croquis ms. de Lopez avec annotations marginales se trouve Dép. guerre, Madrid. LM, 2ª 1ª d 10.)

— Voir aussi plus haut nº 86.

144. **Mappemonde.**—Mapa-mundi | o descripcion de | todo el mundo | y en particular del | globo terrestre | sujeto á las observaciones Astronómicas | Por D. Tomas Lopez, Geógrafo de | los Dominios de S. M. de la Academia de S. | Fernando. Madrid | año de 1771. | Se hallará este con | las quatro partes del | Mundo. el Mapa general | de España, los

Mapas que van | formando el Atlas par | ticular de España, | y demas | obras del Autor en Madrid, Calle de las Carretas | entrando por la plazu | ela del Angel | 0,59 × 0,49

Bibl, nat. Paris, Gosselin 61.

145. **Maroc.**—Mapa general | de los Reynos de | Marruecos, Fez, Argel y Tunez por D. Tomas Lopez, geógrafo que fué de S. M. &. | Se hallará este, con el de la Bahia, Vista de Argel, y | todas las demas obras de Lopez en Madrid, Calle del | Principe nº 13 frente á la libreria de Mijar | 2 f^lles de 0,43 × 0,38.

Bibl. nat. Paris, C. 2660.

(L'édition originale (celle-ci est postérieure à la mort de Lopez) nous a échappé.)

146. **Martos.**—Plano geográfico | del Partido de | Martos | perteneciente á la orden de Calatrava: comprehende el Gobierno de su nombre y las Varas de Porcuna, Arjona y Torreximeno | hecho de acuerdo y á costa del Real y Supremo Consejo de las Ordenes | Por D. Tomas Lopez Geógrafo de los Dominios de S. M. | Madrid, año de 1785 | 0,33 × 0,38.

Dép. guerre, Madrid. LM. 3ª 1ª f 13.

(Le manuscrit original prêt pour la gravure se trouve sous le même numéro.)

147. **Mechoacan.**—Mapa geográfico del Obispado de Mechoacan, hecho por el manuscrito del Bachiller Don Manuel Ignacio Carranza, el de Don José Antonio de Alzate y Ramirez y otros decumentos. Por Don Tomas Lopez, geógrafo de los dominios de S. M. de varias Academias. Madrid, año de 1801. 0,41 × 0,49.

(Nº 384 de Torrés Lanzas (Pedro) Relacion descriptiva de los Mapas Planos &ª de Mexico y Floridas existentes en el Archivo general de las Indias. Tome II.)

148. **Mérida.**—Mapa geografico del Partido de | Mérida | perteneciente á la órden de Santiago | comprehende el Gobierno de Mérida, las Varas de Mon | tanches, Torremocha y Almendralejo, con los Pueblos ena | genados de la órden en el mismo Partido, hecho de | acuerdo y á costa del Real y Supremo Consejo de las | Ordenes | Por Don Tomas Lopez Geógrafo de los Dominios de S. M. | Madrid, año de 1783 | 0,345 × 0,385.

Dép. guerre, Madrid, LM. 1ª 1ª e 25, le manuscrit daté de 1762 se trouve sous le nº suivant.

149. **Mexique** (Golfo du) —Mapa Maritimo | del Golfo de Mexico | e Islas de la America, | para el uso de los Navegantes en esta | parte del

Mundo, | Construido sobre los mexores memorias y observaciones | Astronómicas de Longitudes y de Latitudes. | Dedicado á la cathólica Magestad de | Don Fernando VI Rey de España, y de las Yndias, | Por sus mas Rendidos y fieles Vasallos | Thomas Lopez y Juan de La Cruz. | Año de 1755. | 2 f[lles] de 0,39 × 0,555.

Bibl. nat. Paris. C 2649.

150. **Mexico.**—Mapa de las lagunas, | rios y lugares que circundan á | Mexico, | Para mayor inteligencia de la Historia y Conquista de Mexico que escribió Solis | Por Don Tomas Lopez. Madrid, año de 1783. | 0,325 × 0,26.

Bibl. nat. Paris. C 2673.

Pour l'édition de Solis: *Historia de la conquista de Mexico* parue à Madrid, chez A. de Sancha, 1783-1784 en 2 vol. in-4.

151. — Plano geométrico | de la imperial, noble y leal | Ciudad de | Mexico | teniendo por extremo la zanxa | y Garitas del Resguardo de la Real Aduana | Sacado de Órden del Señor | Don Leandro de Viana, Conde de Tepa | Oydor que fué de la Real Audiencia de Mexico | y hoi del Consejo y Camara de Indias, | Por D. Ignacio de Castera, año de 1776. | Dale á luz Don Tomas Lopez | Geógrafo de los Dominios de S. M. | Madrid, año de 1785. | Se hallará este, con todas las obras del Autor y las de su Hijo, en Madrid, en la Calle de Atocha, frente de la Aduana vieja. Manzana 159 N° 3. | 4 f[lles] de 0,472 × 0,39.

Bibl. nat. Paris. C 2687.

152. **Minorque.**—Mapa de la Isla | de Menorca, | Dividido en los terminos de | Alhayor, Ciudadela, Ferrarias, Mahon y Mercadal, | Por Don Tomas Lopez Geógrafo | de los Dominios de S. M. | Madrid, año de 1780. | Se hallará este con todas las obras del autor en Madrid, en la Calle de las Carretas entrando por la Plazuela del Angel | 0,40 × 0,37.

Acad. de l'Histoire.—Dép. Guerre, Madrid. LM, 1ª 1ª f 14.—
Bibl. partic. du Roi d'Espagne.
Brit. Mus. 156.6 et 19725.5.—Bibl. nat. Paris C 2656.

153. — Relacion de lo executado en el desembarco y toma de posesion de la isla de Menorca por las armas del Rey. — (Madrid) Imp. de la Gaceta, 8 f[lles] in-4 et plan gravé par D. Tomas Lopez.

(Indiqué par Fernandez Duro. *Armada Española*, t. VII, p. 306.)

154. — Plano del Castillo de | San Felipe | y de sus cercanias, | Situado en la entrada de la Ria que Baña á Puerto-Mahon, en la Isla de Me-

norca | Por Don Tomas Lopez, Geógrafo de los Dominios de S. M. | Madrid, año de 1781. | Se hallará en Madrid en casa de su autor, Calle de las Carretas N° 21. | 0,43 × 0,37.

Dép. guerre, Madrid. LM. 1ª 1ª f. 68.—Bibl. partic. du Roi d'Espagne, Min. de Estado. Madrid. Biblioteca. Caja 15. Brit. Museum 156.6, 123.—Bibl. nat. Paris, C, 2657.

155. **Molina.**—Mapa geográfico | del señorio de | Molina | comprehende los sexmos | del Campo, del Pedregal, de la | Sierra y del Sabinar, | Por Don Tomas Lopez, Geógrafo de los Dominios | de S. M. de las Reales Academias de San Fernando | de la Historia, de la de Buenas letras de Sevilla | y de las Sociedades Bascongada y Asturias. | Madrid, año de 1785. | Se hallará este con todas las obras del Autor y las de su hijo en Madrid, Calle de Atocha, junto al Convento de Santo Tomas, Manzana 159 N. 3. | 0,39 × 0,375.

Bibl. partic. du Roi d'Espagne.—British Museum 156.6. Bibl. nat. Paris C 2677.—Le ms. original se trouve Dép. guerre, Madrid. LM 2ª 2ª b 6.

156. **Mondoñedo.**—Obispado | de | Mondoñedo | Por D. Joseph Cornide | Thomas Lopez sculp.t. Madrid año de 1764. | 0,386 × 0,29.

Bibl. nac. Madrid.—Dép. guerre, Madrid. LM 3ª 1ª i 11. (Paru dans le tome 18 de Florez, *España sagrada*, p. 1.)

157. **Murcie.**—Mapa | del Obispado y Reyno de | Murcia, | Dividido | en sus Partidos, | Construido | sobre el impreso de Felipe Vidal y Pinilla, y | por las memorias particulares remitidas | por los naturales | Por el Geógrafo D. Thomas Lopez, Pensionista | de S. M. y de la Real Academia de | S. Fernando. | 1768. | Se hallará este con todas las | obras del Autor en Madrid. Calle | de las Carretas frente de la Imprenta de la Gaceta | 0,38 × 0,38.

Dép. guerre, Madrid. LM. 3ª 2ª c 48. & J 10ª 2ª a 25. (La date a été grattée sur ce dernier exemplaire.) Bibl. partic. du Roi d'Espagne.—Brit. Mus. 156.6. Bibl. nat. Paris, vol. C 2920. (Pl. 69 de l'Atlas de 1810.) (Le ms. orig. de cette carte se trouve Dép. guerre, Madrid. J 10ª 2ª a 61, il porte la date de 1765, surchargée 1767.)

158. **Navarre.**—Mapa del Reyno de | Navarra, | Comprehende las Merindades de | Pamplona, Estella, Tudela, Sangüesa, Olite, | Ciudades, Villas, Valles y Cendeas &. | Dedicado al Ilustrisimo Señor Don Miguel de Muzquiz | Marques de Villar de Ladron, Cavallero de la Orden de Santia-

go, Secretario de | Estado del Despacho Universal de Hacienda, Superintendente General | de su cobro y distribucion &c, &c, &c. | Construido sobre el Mapa de D. Josef de Horta y otros | Por D. Tomas Lopez, Geógrafo de los Dominios de S. M. | Madrid, año de 1772. | Se hallará este en Madrid, con todas las obras del Autor, | en la Calle de Carretas entrando por la Plazuela del Angel | 4 files de 0,38 X 0,39.

Dép. guerre, Madrid. LM. 4ª 1ª a 1 et 67. - Bibl. partic. du Roi d'Espagne.

Brit. Mus. 156.6. – Bibl. nat. Paris vol. C 2920.

(Pl. 84 à 87 de l'Atlas de 1810.)

159. — Mapa del Reyno de | Navarra, | comprehende las Merindades de Pamplona, Estella, Tudela, Sanguesa, Olite, las Ciudades, Villas, Valles y Cendeas | Construido sobre el Mapa | de D, Josef Horta y de | los Pirineos de M. Roussel, y varios manuscritos. Dedicado al Ylmo | Por el Geógrafo D. Tomas Lopez 0,81 X 0,73.

Dép. guerre, Madrid. LM. 1ª 1ª a 65.

(Manuscrit de la carte de 1772. Le titre est placé dans la marge avec des corrections manuscrites.)

160. **Nouvelle Angleterre.**—Mapa geográfico | que comprehende la | Nueva Inglaterra | Nueva York, Nueva Jersey, | Pensilvania, Maryland y | parte de la Virginia, | Por Don Tomas Lopez. | Madrid, año de 1778. | Se hallará este con todas las obras del autor en Madrid, en la Calle de las Carretas, entrando por la Plazuela del Angel. | 0,385 X 0,395.

Bibl. nat. Paris. Gosselin 433.

161. **Nouvelle Espagne.**—Mapa geográfico de una parte de | Nueva España | donde se describe el camino de | Cortés desde su desembarco en la Antigua | Vera Cruz hasta Mexico para leer la historia | que escribió Solis de esta Conquista | Por Don Tomas Lopez | Geógrafo de los Dominios de S. M. | Madrid, año de 1783. | 0,32 X 0,285.

Bibl. nat. Paris. C 2670.

Pour Solis, *Historia de la conquista de Mexico.* Madrid, imp. de D. Antonio de Sancha, 1783-1784, 2 vol. in-4.

162. **Ocaña.**—Mapa geográfico | del Partido de | Ocaña | perteneciente á la | órden de Santiago | comprehende el Gobierno de | la misma villa | y las varas del Campo de Criptana | Corral de Almaguer, Dosbarrios, el | Quintanar Pedro Muñoz, Tomelloso, y Villaescusa de Haro, hecho de acuerdo | y á costa del Real y Supremo Consejo | de las Ordenes, |

Por Don Tomas Lopez, Geógrafo de los Dominios de S. M. | Madrid | año de 1784 | 0,343 × 0,382.

Dép. hydrog. Madrid. Bibl. nac. Madrid.—Dép. guerre, Madrid.
LM. 4ª 1ª g 18.
(Le ms. original est sous le même n°.)

163. **Orense.**—Mapa | de el Obispado de | Orense | delineado por D. Josef Cornide | vecino de la Ciudad de la Coruña, | 1763 | Th. Lopez sculp. Madrid, 1763. | 1 flle 0,38 × 0,23.

T. XVII, p. 1 de Florez, *España Sagrada.*

Oviedo. Voir: **Asturies.**

164. **Palencia.**—Mapa | geográfico de la Provincia de | Palencia | que comprehende todos sus valles y jurisdicciones, | Dedicado al Exmo Sr. D. Diego Fernandez de Velasco, | Enriquez de Guzman, Lopez Pacheco. Tellez Giron, Gomez de Sando | val, Duque de Frias, Conde de Alba de Liste, Marques de Belmon | te, Señor de Arnedo, de los Siete Infantes de Lara, de Herrero de | Riopisuerga &c, Grande de España de Primera Clase, Caballero | Gran Cruz de la Real distinguida Orden de Carlos III y | Gentilhombre de Camara de S. M. con exerci | cio. | Por Don Tomas Lopez, Geógrafo | de los Dominios de S. M., de las Reales Academias de la Historia, de San Fernando, | de la de Buenas letras de Sevilla | y de la Sociedad Bascongada | de los Amigos del Pais. | Madrid, año de | 1782 | Se hallará este con todas las obras del Autor, en Madrid, en la Calle de las Carretas, entrando por la Plazuela del Angel | 2 flles | 0,38 × 0,315.

Dép. guerre, Madrid. LM 4ª 1ª c 1.—Bibl. partic. du Roi d'Espagne.
Min. de Estado. Madrid. Biblioteca. Caja 15.
Brit. Mus. 156.6.—Bibl. nat. Paris vol. C 2920.
(Forme les pl. 36 et 37 de l'Atlas de 1810.)
(Le ms. original se trouve Dép. guerre, Madrid. LM. 4ª 1ª c 21.)

165. **Palma.**—Mapa | de la Isla de la | Palma, | Por Don Tomas Lopez. | Madrid, año de 1780. | Se hallará este con todas las obras del Autor en Madrid, en la Calle de las Carretas, entrando por la Plazuela del Angel. | 0,40 × 0,37.

Bibl. nat. Paris. C 2665.

(Sur le même feuille se trouve la carte de l'île de la Gomera.)

Pithyuses (îles). Voir: **Baléares.**

166. **Plasencia.** — Mapa geográfico | del Obispado de | Plasencia | que comprehende | el Partido de su nombre, las vicarias de | Trujillo, Béjar, Medellin, Jaraicejo, Jaraiz y Cabezuela, | y tambien la abadia de Cabañas. | Por D. Tomas Lopez, Geógrafo de los dominios de S. M. | del número de la Academia de la Historia, de la de S. Fernando | y de otras. | Madrid, año de 1797. | Se hallará este con todas las obras del autor, y las de sus hijos, en Madrid, Calle de Atocha, frente la casa de los Gremios. | 2 f^les de 0,41 × 0,345.

Acad. de l'His. Madrid. — Min. de Estado. Madrid. Biblioteca. Caja 23.
Brit. Mus. 156.6.

167. **Ponferrada.** — Mapa geográfico | del Partido de | Ponferrada | que suelen llamar regularmente | Provincia del Vierzo, | tambien comprehende la gobernacion de | Cabrera y los Concejos de Laciana, Ribas del Sil de | arriba y de abaxo, siendo todos partes de la Provincia de Leon, | Por Don Tomas Lopez, Geografo de los Dominios de S. M. de las Reales | Academias de la Historia, de San Fernando, de la de Buenas Letras de Sevilla | y de las Sociedades Bascongada y de Asturias. | Madrid, año de 1786. | Se hallará este con todas las obras del autor, y las de su hijo en Madrid;. en la Calle de Atocha, frente de la Aduana vieja, M. 159 N. 3 | 2 f^les de 0,41 × 0,31.

Dép. guerre, Madrid. LM. 3ª 1ª g 2. — Brit. Mus. 156.6.
Bibl. nat. Paris, vol. C 2920. — Bibl. partic. du Roi d'Espagne.
Forme les Pl. 30 et 31 de l'Atlas de 1810.

168. **Portugal.** — Mapa | del Reyno de | Portugal, | construido | segun las mas modernas memorias, Por | D. Thomas Lopez, Pensionista de S. M. | Madrid. Año de 1762. | Se hallará Calle del Ave Maria | en la casa de los Naturales | y frente de S. Bernardo | 0,298 × 0,398.

Dép. Hydrog. Madrid, C. 125.

— Voir aussi: Atlas geografico | de **España**... 1810.

169. — Colleccao de pequeñas chapas, provincias de Portugal e Hespanha, por D. T. Lopez.

Recueil indiqué sous le n° 29 de G. Pereira: Catalogue des cartes géographiques conservées dans la Bibliothèque d Evora, publié dans le *Boletim da Sociedade de Geographia de Lisboa*, 1896, pp. 379-383.

170. — Mapa general | del Reyno de | Portugal | comprehende sus provincias, | corregimientos, oidorias, proveedurias, concejos, cotos, &c. | dedicado al ilustrisimo señor | Don Pedro Rodriguez Campomanes |

Caballero de la distinguida Orden de Carlos III, | Del Consejo y Camara de S. M. | Director de la Real Academia de la Historia, &c, | Por Don Tomas Lopez, | Geógrafo de los Dominios de S. M., de sus Reales Academias de la | Historia, de S. Fernando, de la de Buenas Letras de Sevilla y | de la Sociedad Bascongada de los Amigos del Pais. | Madrid, año de 1778. | Se hallará este con todas las obras del autor, en Madrid, en la Calle de las Carretas, entrando por la Plazuela del Angel, | 8 feuilles de 0,36 × 0,40.

Brit. Mus. 156.6 (13). — Bibl. nat. Paris Ge FF. 561 et vol. C 2920.

(Forme les Pl. 91 à 98 de l'Atlas de 1810; il a été publié de cette carte une réimpression postérieure à 1811 Ge C. 3401.)

171. — Regni Portugalliæ Provincias tres septentrionales | Beiram, Transmontanam & | Interamniam | ex novissimis Tabulis D. T. Lopez in | lucem ederunt Homann. Hæred. 1800. 0,15 × 0.57.

(En tête le titre courant porte Carte géographique de les trois Provinces septentrionales de Portugal, savoir Beira, Tras los Montes &. Entre Douro-Minho. | Nouvellement dressée selon les Chartes du Sr D. T. Lopez par F. L. G. (Güssefeld), 1800.

Bibl. nat. Paris, C. 4013 et FF. 10742.

172. — Provincias meridionales | Regni Portugalliæ, scilicet | Extremadura, Trans | tagana, quibus | Regnum Algarbiæ adiun | gitur ad emendatiora Exem | plaria D. T. Lopez curaverunt | Homann Hæred. | 1800. | 0,455 × 0,565.

(Le titre courant porte: Les provinces méridionales de Portugal savoir, Estremadura, Alentejo et Algarbe, Dressée nouvellement par F. L. Güsseleld l'an 1800.)

Bibl. nat. Paris Ge FF 10742.

173. — New (A) general military Map of the Kingdom of Portugal, por D. Thomas Lopez. — (Londres) by John Stockdale, 1814, 1 f[illegible].

N° 304 du: Catalogo de la Esposição de cartographia nacional de Lisboa 1903-1904.

174. — Cartas de Portugal e Hespanha. — (S. l.) 14 cartes gravées. 0,15 × 0,15.

N° 97 du: Catalogo de la Exposição de cartographia nacional de Lisboa 1903-1404.

175. **Puerto-Rico.** — Plano de | Puerto Rico, dale á luz | D. Tomas Lopez | Geógrafo de los Dominios de S. M. | Madrid, año de 1785. | Se

hallará este con todas las obras del Autor y las de su Hijo en Madrid, en la Calle de Atocha, Frente de la Aduana vieja, Manz. 159, Núm. 3. | 0,37 × 0,36.

Bibl. nat. Paris, C. 2642.

176. — Mapa topográfico | de la Isla de San Juan de | Puerto-Rico y de la de Bieque | con la division de sus partidos | Por D. Tomas Lopez | Geografo de los dominios de S. M., individuo | de varias Academias | Madrid, año de 1791. | Se hállará este en Madrid, Calle de Atocha, frente la casa de la Deputacion de los Gremios | 0,73 × 0,36.

Min. de Estado, Madrid. Biblioteca, Caja 6, n.° 33.

177. **Quito.**—Plano de la ciudad de Quito, situada en 13' y 20" de latitud meridional | y en los 80°45' de longitud occidental | Contados desde el Meridiano de Paris | correspondiente al de Tenerife en 62°28' por Don Tomas Lopez. | Madrid, año de 1786. | Se hallará este con todas las obras del Autor y las de su Hijo, en la Calle de Atocha, frente de la Aduana vieja, M. 159, n° 3 | 0,40 × 0,36.

Bibl. nat. Paris, C 2648.

178. **Reynosa.**—Mapa | geográfico del | Partido de | Reynosa, | uno de los tres de la provin | cia de Toro, | Comprehende sus Hermandades, el Valle Real | de Valderedible y Consejos, | Por Don Tomas Lopez, Geógrafo de los Domi | nios de S. M. | de sus Reales Academias de la Historia, de San | Fernando, de la de Buenas letras de Sevilla y de la Sociedad Bascongada, | Madrid, año de 1785. | Se hallará este con todas las obras del autor y las de su hijo en Madrid, Calle de Atocha, esquina de la Concepcion, casa nueva de Santo Tomas, quarto principal, Manzana 159, n° 3 | 0,40 × 0,38.

Acad. de l'Hist. de Madrid.—Bibl. partic. du Roi d'Espagne.

Dép. guerre, Madrid. L. M. 4ª 1ª c 32.—Brit. Mus. 156.6.

Bibl. nat. Paris, vol. C 2920.

(Pl. 40 de l'atlas de 1810.—Le manuscrit original est Dép. guerre, Madrid. L. M. 4ª 1ª I 23.)

179. **Rio Grande de San Pedro.**—Plano de la entrada del | Rio Grande de San Pedro | situado en la costa N. E. del Rio de la Plata | en 32° de Latitud y en 325°45 de longitud contada desde el | Meridiano de Tenerife | Por D. Tomas Lopez. | Madrid, año de 1777. | Se hallará este con todas las obras del Autor en la Calle de las Carretas | 0,405 × 0,32.

Bibl. nat. Paris, C. 2645.

180. **Rioja.**—Mapa de la | Rioja | Dividida | en Alta y Baja | Con la parte de la Sonsierra, que llaman | comunmente Rioja Alavesa, | Construido por las memorias de los naturales, | Por el Geógrafo D. Tomas Lopez, Pensionista de | S. M., de la Academia de S. Fernando | 0,40 × 0,38

Dép. guerre, Madrid. LM. 3ª 1ª i. 1.—Bibl. nac. Madrid.

Bibl. nat. Paris, C. 2578.

(Dans le coin supérieur droit, se lit. le n° 14.)

181. — Mapa de la | Rioja | Dividida | en Alta y Baja | con la parte de la Sonsierra, que llaman | comunmente Rioja Alavesa, | Construido por las memorias de los naturales, | Por el Geógrafo D. Tomas Lopez, Pensionista de S. M. de la Academia de S. Fernando. | Madrid. Año de 1769. | Se hallará este con los que bayan saliendo en Madrid en casa del Autor, Calle de las Carretas | entrando por la Plazuela del Angel.

Brit. Mus. 156.6.

182. **Roas.**—Cotos de | Roas | Crescente | y Quintela, | Pertenecientes al Partido de Castrotorafe | del Orden de Santiago.—Cotos de Rocha de Narla y Villar de Donas | Pertenecientes al Partido de Castrotorafe del Orden de Santiago.—Cotos de Garabanes | y | la Barra | Pertenecientes al Partido de Castrotorafe, por D. Tomas Lopez. | Madrid año de 1787. | —Cotos de Codosedo | Villar de Santos y San Munio | Pertenecientes al Partido de Castrotorafe del Orden de Santiago | 0,336 × 0,38.

Dép. hydrog. Madrid. C 129.

(Le ms. daté de 1786 de ces petites cartes est Dép. Guerre, Madrid. J. 10ª 2ª a 54.)

183. **Rocha de Narla.**—Cotos de | Rocha de Narla | y | Villar de Donas | Pertenecientes al Partido de Castrotorafe | de Orden de Santiago | por D. Tomas Lopez, año de 1787.

Dép. guerre, Madrid. J. 10ª 2ª a 54.

(Le ms. porte le même numéro. Partie du n° précédent.)

184. **Roussillon.**—Carta que comprehende la tierra llana de Rosellon, el Valle de Espira, Conflan y frontera de Cataluña. Por D. Tomas Lopez y su hijo D. Juan, Geógrafos de S. M. Madrid, año de 1793. | Se hallará en Madrid, Calle de Atocha, frente la casa de los Gremios | 0,34 × 0,33.

Min. de Estado, Madrid. Biblioteca, Caja 20, n.° 47.

-- **Sacramento.**—Voir: **Colonia del Sacramento.**

185. **Salamanque.**—Mapa geográfico | de la Provincia de | Salamanca | en el que se distinguen sus Partidos | Quartos, Sexmos, Rodas, Campos. Consejos | y las Villas Sueltas, | Dedicado Al Exmo Sr. D. Joseph Alvarez de Toledo y Gonzaga, | Duque de Alba, de Medina Sidonia, &c, Marques de Villafranca &c, Conde | de Oropesa &c, Principe de Paternó & Adelantado y Capitan mayor del | Reyno de Murcia, Alcayde perpetuo de los Rs Alcazares de Sevilla, | Cordova, Moxacar, Murcia, Lorca, de la Fortaleza de Ponferrada | y de los Rs Alcazares de Toledo, Condestable y Canciller Ma | yor del Reyno de Navarra, Gran Canciller y Registrador | Perpetuo de las Indias, Caballerizo Mayor Perpe | tuo de las Rs Caballerizas de Cordoba &c, Grande de España de primera clase y Gentil | hombre de Camara de S. M. con exercicio. | Por D. Tomas Lopez, Geógrafo de los | Dominios de S. M., de las Reales Aca | demias de la Historia, de S. Fernando | de la de Buenas Letras de | Sevilla y de la Sociedad | Bascongada. | Madrid, año de 1783. | Se hallará este con todas las obras del Autor, en Madrid, en la Calle de las Carretas. | 4 flles de 0,44 × 0,39.

Bibl. nac. Madrid.—Dép. guerre, Madrid. LM. 4a 1a d. 1.
Brit. Mus. 156.6.—Bibl. nat. Paris, vol. C 2920. Bibl. partic. du Roi d'Espagne.
(Pl. 46 à 49 de l'Atlas de 1810.)
(L'original ms. est Dép. guerre, Madrid. LM. 4a 1a e 1.)

186. — Charta | Provinciam | Salamanticam | hispanice Salamanca, exhibens, | ex illis D. T. Lopezii reducta | a F. L. Güsseleld | In lucem edita per Homann | Hæredes 1800, | Cum Gratia et priuil S. C. M. | 0,54 × 0,46.

Bibl. nat. Paris Ge FF. 10742.

Pl. 13 de : Atlas von Spanien in XXVI Blattern. Voir ci-dessus au mot **Espagne.**

187. **San Mateo.**—Mapa | geográfico | del Gobierno de | San Mateo | ó el Maestrado Viejo, | Perteneciente á la Orden de Montesa | hecho de acuerdo y á costa del Real y Supremo Consejo | de las Ordenes | Por Don Tomas Lopez, Geógrafo de los Dominios de S. M. | Madrid, año de 1786. | 0,342 × 0,38.

Bibl. nac. Madrid.—Dép. hydrog. Madrid. C 129.
Dép. guerre, Madrid. LM. 2a 1a c. 26.

— **San Pedro.** Voir: **Rio Grande de San Pedro.**

188. **Santa Catalina.**—Plano de la Isla | y puerto de Santa Catalina | situado en la America meridional | Hallase el Puerto en la Ponta de

Norte, en 27 | grados 26 minutos de Latitud Austral y en 327 grados 36 minutos de Longitud contada desde el | Pico de Tenerife. Sacado por el extracto que hizo estampar el año | pasado de 1776 D. Cristoval Del Canto: habiendo tenido este el que formó el año de 1757 D. Este | van Alvarez del Fierro en punto mayor, | Por D. Tomas Lopez. Madrid, año de 1777. | 0,47 × 0,39.

Bibl. nat. Paris. C 2644.

189. **Santo Domingo.**—Plano de la plaza y ciudad de | Santo Domingo, capital de la Isla Española, | Por Dn Tomas Lopez, Geógrafo de los Dominios de S. M. Madrid, año de 1785. | Se hallará este con todas las obras de su Hijo en Madrid, en la Calle de Atocha, casa nueva de Santo Tomas, frente de la Aduana vieja, Manz. 159, n° 3. | 0,40 × 0,4[illegible].

Bibl. nat. Paris. C. 2534.

190. **Santo Domingo de la Calzada.**—Mapa geográfico | que comprehende el Partido de | Santo Domingo de la Calzada y el de | Logroño | correspondientes á la Provincia de Burgos | Por Don Tomas Lopez, Geógrafo de los Dominios de S. M. de las | Reales Academias de la Historia, de San Fernando, de la de Buenas | Letras de Sevilla y de las Sociedades Bascongada y de Asturias | Madrid, año de 1787. | Se hallará este con todas las obras del Autor y las de su hijo, en Madrid, en la Calle de Atocha frente de la Aduana vieja. Manz. 159, núm. 3. | 0,41 × 0,37.

Bibl. partic. du Roi d'Espagne. Brit. Mus. 156.6.
Acad. de l'Hist. Madrid.—Bibl. nat. Paris, vol. C 2920.
Dép. guerre, Madrid. LM 3a 1a I 10.
(Le ms. original est sous le même numéro.)
(Pl. 14 de l'Atlas de 1810).

191. **Sardaigne.**—Mapa general y geográfico | de las Islas de | Cerdeña | y Corcega. Por Don Tomas Lopez, geógrafo | de los dominios de S. M. | Madrid, año de 1796. | Se hallará este en Madrid, Calle de Atocha, frente la casa de los Gremios | 0,395 × 0,34.

Min. de Estado, Madrid. Biblioteca. Caja 19, n° 23.

192. **Ségovie.**—Mapa | de la Provincia de | Segovia, | Dedicado | Al Serenisimo Señor Don | Luis Antonio Jayme | Infante de España, | Comprehende el Condado de Chinchon, Los Partidos de Ycar | Peñaranda, Pedraza, Fuentidueña, Riaza, Coca, Ayllon, Maderuelo | Montejo, Fresno y Ata, los Sexmos de S. Martin, Cabezas, Valcorva, Lozoya, Montemayor, Trinidad, Sta Eulalia, S. Lorenzo, S. Millan | Casarrubios, Posa-

deras, Oatalvilla, Navalmanzano y la Mata, | los Ochavos de Cantalejo, la Sierra y Castillejo, Pradena | y Bercimuel y las Tesorerias de Cuellar y de Sepulbeda. | Compuesto con las mejores memorias de los naturales, | Por Don Tomás Lopez de Vargas Machuca, Geógrafo de los Dominios de S. M. por | Real Despacho, de la Academia de S. Fernando y de la Real Sociedad | Bascongada de los Amigos del Pais. | Madrid, Año de 1773. | Se hallará este con las demas Provincias de España, el General de ella, el Mapa-mundi, | las quatro partes y todas las obras del autor, en Madrid, en su casa, Plazuela del Angel | 4 f^{lles} de 0,40 × 0,37. (En cartouche le Condado de Chinchon.)

Bibl. partic. du Roi d'Espagne.—Dép. hydrog. de Madrid, C 129.

Brit. Mus. 156.6.—Bibl. nat. de Paris, vol. C 2920.

Dép. guerre, Madrid. LM. 4ª 1.ª f. 1 et 17.

Min. de Estado, Madrid. Biblioteca, caja 23.

(Pl. 19 à 22 de l'Atlas de 1810.)

193. — Segoviæ et Avilæ | Provinciarum | Charta geographica | ex illis D. Tom. Lopezii | collecta | a F. L. Güssefeld | in lucem edita per Hom. Hæred. | 1799 | Cum. Priv. S. Cæs. Maj. | 0,56 × 0,415.

Bibl. nat. Paris Ge FF. 10742.

(Voir ci-dessus au mot **Espagne**.)

194. **Segura.**—Mapa | geográfico del | Partido de | Segura | de la Sierra. | Comprehende la vara de su nombre, | hecho de acuerdo y á costa del Real y | Supremo Consejo de las Ordenes | Por Don Tomas Lopez, Geógrafo de los dominios de S. M. Año de 1784. | 0,34 × 0,215.

Dép. guerre. Madrid. LM 1ª 1ª c 24.

(Le ms. original de Lopez se trouve sous le même numéro.)

195. **Serena.**—Mapa geográfico del | Partido de Villanueva de la | Serena, | Perteneciente á la Orden de | Alcántara, | Comprehende el Gobierno de su nombre, hecho de acuerdo y á costa del Real y Supremo Consejo de las Ordenes. | Por D. Tomas Lopez, Geógrafo de los Dominios de S. M. | Madrid, año de 1785 | 1 f^{lle} manuscrite. 0,35 × 0,39.

Dép. guerre, Madrid. LM 1ª 1.ª c. 28.

— **Séville.** (R^{me} de).—Voir: **Andalousie.**

196. **Séville.**—Plano | geométrico de la ciudad de | Sevilla, | Dedicado Al Excelentisimo Señor | Don Pedro Lopez de Lerena | Caballero del Orden de Santiago, Regidor perpetuo de la Ciudad de Cuenca, | del Consejo de Estado de S. M. Gobernador de Hacienda y sus Tribunales,

Secretario de | Estado y del Despacho universal de Hacienda, Superintendente general del Cobro y | distribucion de ella, y de las Reales Fábricas y Casas de Moneda, Presidente de las Juntas, de Comercio, Juros y Tabaco &c, | Por Don Tomas Lopez de Vargas y Machuca, Geógrafo de los Dominios de S. M. por Real Decreto. | del Número de la Academia de la Historia, de la de San Fernando, de la de Buenas Letras | de Sevilla y de las Sociedades Bascongada y de Asturias. | Madrid, año de 1788. | Se hallará este con todas las obras del autor en Madrid, Calle de Atocha, frente de la Aduana vieja. Manzana 159, número 3. | 6 f^lles de 0,345 × 0,43.

Bibl. partic. du Roi d'Espagne.—Dép. guerre, Madrid. LM. 4ª 1ª f. 18.
Brit. Mus. 156.6.—Bibl. nat. Paris C 2680.—Bibl. nac. Madrid.

On y joint 2 f^lles in-fol. à 4 colonnes ayant pour titre: Indice de lo más notable de este plano.

197. **Sicile.**—Mapa geografico de la isla | de Sicilia | siguiendo y teniendo presente lo mejor | que hay de ella | Por Don Thomas Lopez, geógrafo de los Dominios | de S. M. de varias Academias. | Madrid, año de 1795. | Se hallará este con todas las obras del autor y las de su hijo en la Calle de Atocha, frente la casa de los Gremios. | 0,39 × 0,30.

Min. de Estado, Madrid. Biblioteca, caja 6.

198. **Soria.**—Mapa geográfico | de la Provincia de | Soria | que comprehende el Partido de su nombre, dividido | en cinco Sexmos, las Tierras, Villas y | Granjas eximias. | Por Don Tomas Lopez | Geógrafo de los Dominios de S. M. | de las Reales Academias de la Historia, de San Fer | nando, de la de Buenas letras de Sevilla y de | la Sociedad Bascongada. | Madrid, año de 1783. | Se hallará este con todas las obras del Autor en Madrid, en su casa, Calle de Atocha, esquina de la Concepcion Geronima, casa nueva de Santo Tomas, quarto principal. Manzana 159, número 3. | 4 f^lles de 0,43 × 0,42.

Bibl. nac. Madrid.—Acad. de l'Hist. de Madrid.—Bibl. partic. du Roi d'Espagne.
Dép. guerre, Madrid. LM. 4ª 1ª f. 16.—Brit. Mus. 156.6. Bibl. nat. Paris, vol. C 2920.

(Pl. 15 à 18 de l'Atlas de 1810.—Le ms. original est Dép. guerre, Madrid même n°).

199. — Charta geographica | Provinciam Soriam | comprehendens Territorium (Partido) Soriæ in quinque Sextulos, Terras, Vicos | et prœdia exemta exhibens. | Ex illis D. F. Lopezii colligavit | F. L. G. | Norim-

berge, Homanniani Hæredes | ederunt 1801. | Cum Gratia et Privil. Sac. Cæs Maj. | 0,59 × 0,45.

Bibl. nat. Paris. Ge FF. 10742.

Dans la partie inférieure, dans un cartouche se trouve la carte de Minorque. Pl. 9 de Atlas von Spanien in XXVI Blättern ...von F. L. Güsseleld.

(Voir ci-dessus au mot **Espagne**.)

200. **Suisse.**—Mapa geografico del pais de | los Suizos | compuesto de trecentados libres que llaman cantones | juntamente con los Grisones, las provincias | aliadas y las dependientes. Delineado conforme á los materiales mas dignos de aprobacion. | Por Don Tomas Lopez | Geógrafo de los dominios de | S. M. | Madrid, año de 1795. | Se hallará este en Madrid, Calle de Atocha, frente la Casa de los Gremios, con las obras del autor y las de su hijo. | 0,54 × 0,43.

Min. de Estado, Madrid. Biblioteca, caja 42, 18.

Sur (Mar del).—Voir: **Californie.**

201. **Terre Ferme.**—Mapa geografico del | Reyno de Tierra Firme | y sus provincias de Veragua y Darien | nuevamente dado á luz y corregido por D. Tomas Lopez, geógrafo de los dominios de S. M. | Madrid, año de 1802: | 0,432 × 0,322.

(Avec 3 cartouches pour Porte belo, l'embouchenie du Chagres et Panama).

Min. de Estado, Madrid. Biblioteca, C. 29. 35.

Terceres (Îles).—Voir: **Açores.**

202. **Terre Sainte.**—Carta de la | Tierra Santa | de los Hebreos ó de los Israelitas, | Dividido segun el órden de Dios entre las doce Tribus descendientes de los doce | hijos de Jacob, es á saber: de la otra parte del Jordan dos porciones señaladas á | los Tribus de Ruben y de Gad, y media á los hijos de Manases | de esta parte del | Jordan una porcion al Tribu de Juda, una al de Ephrain, media á los hijos de | Manases, siete porciones que por suerte caieron á los Tribus de Benjamin, Simeon, Zabulon, | Issachar, Aser, Nephtali y Dan: las Villas que en cada Tribu se dieron | para la demora de los de la Tribu de Levi, y las seis Villas de Refugio. | Compuesto por la Sagrada Escritura, por D. Tomas Lopez de Vargas Machuca, geógrafo de los | Dominios de S. M. por Real Despacho, de la Real Academia de S. Fernando, de la Real Sociedad Bascongada de los | Amigos del Pais y de la Real Academia de Buenas

Letras de Sevilla. Madrid. | año de 1774. | Se hallará este con el Mapamundi, las quatro partes, el General de España, las pro | vincias particulares de ella, y demas obras del | Autor, en Madrid, en la Calle de las Carretas | entrando por la Plazuela del Angel | 0,58 × 0,46.

(Avec un cartouche pour la terre de Canaan).

Bibl. nat. Paris. Gosselin 1161.

203. **Tolède.** — Mapa | de la Provincia de | Toledo, | comprehende los Partidos de | Toledo, Alcalá, Ocaña, Talavera | y Alcazar de San Juan, | Construido sobre los Mejores Mapas impresos y | manuscritos y sobre las noticias de los naturales, | Por el Geógrafo D. Tomas Lopez, Pensionista | de S. M., de la Academia de S. Fernando, | 1768. | Se hallará este con todas las obras del Autor, en Madrid, en la Calle | de las Carretas, frente de la imprenta de la Gazeta | 0,40 × 0,39.

Bibl. nac. Madrid. — Bibl. partic. du Roi d'Espagne.
Min. de Estado, Madrid. Biblioteca, caja 15.
Brit. Mus. 156.6. — Bibl. nat. Paris, vol. C 2920.
(Pl. 2 de l'Atlas de 1810.)

204. — (Carte manuscrite de la Province et Archevêché de Tolède, avec additions en marge de deux encres différentes, par T. Lopez) 0,39 × 0,39.

Dép. guerre, Madrid. J. 19ª 2.ª a 15.

(Ce n'est pas le manuscrit définitif.)

205. — Mapa geográfico del Arzobispado | de Toledo | que contiene las dos grandes vicarias | generales de Toledo y Alcalá, divididos en sus Partidos | y asimismo las vicarias llamadas de Partido. | Dedicado | Al Emmo y Excmo Sr. D. Francisco | Antonio cardenal de Lorenzana, Arzobispo | de Toledo, Primado de las Españas, Canciller Mayor de Castilla, | Capellan Mayor de la Real Iglesia de San Isidro de Madrid, | Caballero Prelado Gran Cruz de la Real y distinguida Orden | Española de Carlos III. del Consejo de S. M. &c, &c, | Por Don Tomas Lopez de Vargas y Machuca | Geógrafo de los Dominios de S. M. Por Real Decreto, del | Número de la Academia de la Historia, de Merito de la de | San Fernando, Honorario de la de Buenas Letras de Sevilla | y de las Sociedades Bascongada y Asturias. | Madrid. Año de 1792. | Se hallará este con todas las obras del autor, y las de su hijo, en Madrid, calle de Atocha, casa nueva de Santo Tomas, frente de los Gremios, Núm. 3, quarto principal, | 4 f^lles de 0,40 × 0,38.

Bibl. partic. du roi d'Espagne. — Bibl. nac. de Madrid.
Min. de Estado, Madrid. Biblioteca, caja 15. — Brit. Mus. 156.6.

206. **Toro.**—Mapa | geográfico del Partido de | Toro | por Don Tomas Lopez, | Geógrafo de los Dominios de S. M. | de las Reales Academias de la Historia | de San Fernando, de la de Buenas | Letras de Sevilla y de la | Sociedad Bascongada. | Madrid, año de 1784. | Se hallará este con todos los de España, demas obras de su autor y las de su hijo, en Madrid, en la Calle de las Atsha (*sic*) | 0,39 × 0,37.

Acad. de l'Hist. Madrid.—Bibl. partic. du Roi d'Espagne.

Brit. Mus. 156.6.—Dép. guerre, Madrid. LM. 4ª 1ª i. 2.

(L'original prêt pour la gravure est Dép. guerre, Madrid. LM 4ª 1ª i. 25.)

Bibl. nat. Paris, vol. C. 2920.

(Pl. 38 de l'Atlas de 1810.)

207. **Toulon.**—Plano de la ciudad, puerto y radas de | Tolon | Por D. Tomas Lopez y D. Juan Lopez. | Madrid, año de 1793. | Se hallará en Madrid, Calle de Atocha. | 0,30 × 0,22.

Min. de Estado, Madrid. Biblioteca, C. 20, 46.

208. **Tras los Montes.**—Mapa | de la Provincia de Tras-los-Montes, | Construido | segun las modernas memorias, | Por D. Thomas Lopez, Pensionista de S. M. | En Madrid, frente de S. Bernardo, 1762. | 0,285 × 0,34.

Dép. hidrog. Madrid. C. 129.

209. **Tudela.**—Mapa geográfico | del nuevo Obispado de | Tudela. | Dedicado Al Ilustrísimo | Señor Don Francisco Ramon de Larumbe, | Primer Obispo de esta Diocesis. | Por Don Tomas Lopez, Geógrafo de los Dominios de S. M. | Madrid, año de 1785. | Se hallará con el Plano de la Ciudad de Tudela, las obras del autor y las de su hijo, en la Calle de Atocha, casa nueva de Santo Tomas. m. 159. n. 3. | 0,39 × 0,37.

Bibl. partic. du Roi d'Esp.—Brit. Mus. 156.6.

Bibl. nat. Paris, C. 2679.

(L'original, en assez mauvais état, est Dép. guerre, Madrid. LM 4ª 1ª a 62.)

210. **Tudela** (ville).—Plano de | Tudela | Por D. Tomas Lopez. | Madrid, año de 1785. | Se hallará este con el del obispado de Tudela, todas las obras del Autor y las de su Hijo, en Madrid, Calle de Atocha, junto al Convento de Santo Tomas. | 0,32 × 0,30.

Bibl. nat. Paris C 2679.—Brit. Mus. 156.6

Bibl. partic. du Roi d'Espagne.—Dép. guerre, Madrid. LM. 4ª 1ª a 42.

(Avec le plan de la cathédrale en cartouche.)

Tunisie.—Voir: Maroc.

211. **Valence.**—Mapa | del Reyno de | Valencia | Dedicado | Al Serenisimo Señor Don | Luis Antonio Jayme | Infante de España. | Por Don Thomas Lopez, Pensionista de S. M. 1762. | 0,39 × 0,50.

Bibl. nat. Paris C 2337.

212. — Mapa geográfico | de una parte del Reyno de Valencia en la que se com | prehende los pueblos que tiene la Orden de Montesa | en el districto del | Lugar teniente general | ó maestrado nuevo | hecho de acuerdo y á costa del Real y Supremo | Consejo de las Ordenes. | Por Don Tomas Lopez, Geógrafo de los Dominios de S. M. | Madrid, año de 1786. | 0,34 × 0,375.

Dép. guerre, Madrid. LM, 4ª 1ª h 24.
Dép. hydrog. Madrid C 123.

213. — Mapa | geográfico del Reyno de | Valencia | Dividido en sus trece gobernaciones ó partidos. | Dedicado al Excelentisimo | Señor Don Joseph Moñino | Conde de Florida-blanca, | Cavallero Gran Cruz de la Real Orden de Carlos III, | Consejero de Estado de S. M. su primer Secretario de Estado y del Despacho, | Superintendente General de Correos terrestres y maritimos, de las Postas, y | Renta de Estafetas en España y las Indias, y de los Caminos de España, | Encargado interinamente de la Secretaria de Estado y del Despacho de Gracia | y Justicia, y de la Superintendencia de los Positos del Reyno, | Por Don Tomas Lopez, Geógrafo de los Dominios de S. M., del | Número de la Academia de la Historia, de la de San Fernando, de la de Buenas | Letras de Sevilla, y de las Sociedades Bascongada y Asturias. | Madrid año de 1788. | Se hallará este con todas las obras del autor y las de su hijo, en Madrid, en la Calle de Atocha | frente de la Aduana vieja, Manzana 159 Numero 3. | 0,37 × 0,40.

(Avec le plan en cartouche de la «Particular contribucion y huerta de Valencia»).

Bibl. nat. Paris vol. C 2920.—Brit. Mus. 156.6.—Dép. guerre, Madrid. J 10ª 2ª 16 & 35—Bibl. partic. du Roi d'Espagne.

(Pl. 78 à 81 de l'Atlas de 1810. Le manuscrit se trouve Dép. guerre, Madrid. LM. 4ª 1ª h 28.)

214. **Valladolid.**—Mapa | de la Provincia de | Valladolid. | Dedicado | Al Excelentisimo señor Don Pedro de Alcantara, | Tellez, Giron, Alfonso Pimentel, Diego Lopez de Zuñiga Borja &c, | Marques de Peñafiel, conde-Duque de Benavente, | Duque de Bejar, y de Gandia &c, Por Don Tomas Lopez, Geógrafo de los Dominios de S. M. | de las Reales Academias de la Historia, de San Fernando, | de la de Buenas letras de Se-

villa, y de la Socie | dad Bascongada de los Amigos del País. | Madrid, año de 1779. | Se hallará este con todas las obras del autor en Madrid, en la Calle de las Carretas, entrando por la Plazuela del Angel | 2 f^{les} de 0,43 × 0,375.

Bibl. nac. Madrid. — Bibl. partic. du Roi d'Espagne. — Brit. Mus. 156.6, Dép. guerre, Madrid. LM. 4ª 1ª h 21. — Min. de Estado. Madrid. Biblioteca. C 28, 29. — Bibl. nat. Paris Ge FF 3840, vol. C 2920.

(Pl. 41 à 44 de l'Atlas de 1810.)

216. **Vera Cruz.** — Plano | del Puerto de | Vera Cruz, Por Don Tomas Lopez | Madrid, Año de 1786. | Plano | de la ciudad y plaza de la Vera-Cruz | y Castillo de San Juan de Ulua. | Se hallará este con todas las obras del Autor y las de su Hijo en la Calle de Atocha, frente de la Aduana vieja. M. 159 N. 3 en Madrid | 0,39 × 0,37.

Bibl. nat. Paris. C 2671.

Veragua. — Voir: **Terre Ferme.**

Villanueva de la Serena. — Voir: **Serena.**

216. — **Villanueva de los Infantes.** — Mapa | geográfico del Partido | de Villanueva de los Infantes perteneciente á la Orden | de Santiago | Comprehende el Gobierno de Infantes y | la Vara de la Solana, hecho de acuerdo | y acosta del Real y Supremo Consejo de las Ordenes. | Por Don Tomas Lopez, Geógrafo de los Dominios de S. M. Madrid, año de 1783. | 0,333 × 0,38.

Dép. hydrog. Madrid C 129. — Acad. de l'Hist. Madrid.
Dép. guerre, Madrid. LM. 2ª 1ª d 7.

(Le manuscrit original est sous le même numéro.)

217. **Xerez.** — Mapa geográfico del | Partido de | Xerez | de los Caballeros. | Comprehende el Gobierno y vara de su nombre, hecho de acuerdo y acosta del Real y Supremo Consejo de las Ordenes. | Por Don Tomas Lopez. | Madrid. año de 1784 | 0,34 × 0,17.

Dép. guerre, Madrid. LM 1ª 1ª e 24.

(L'original sous le même n°.)

218. **Yucatan.** — Mapa del territorio señalado á los Ingleses para el corte del palo de tinte en la costa de Yucatan entre los Rios Hondo nuevo y Valiz ó Belliz. D. Tomas Lopez lo grabó.

(Inscrito en un ejemplar del Tratado definitivo de paz concluido entre el Rey Nuestro Señor y el Rey de la Gran Bretaña, firmado en Versalles á 3 de Setiembre de 1783 en sus articulos particulares. De orden del Rey. En Madrid, en la Imprenta Real. Pag. 43 á 49. 0,122 × 0,18. N.° 392 de Pedro Torrés Lanzas. Relacion descriptiva de los Mapas, Planos &c de Mexico y Floridas existentes en el Archivo general de Indias T. II.)

219. **Zamora.**—Mapa de la Provincia de | Zamora, | Comprehende los Partidos del | Pan, el del Vino, el de Sayago, el de Carvajales, | el de Alcañiz, el de Mombuey, y el de Tabara. | Compuesto con las memorias de los naturales y, por una porcion, del Mapa | del Reyno de Leon que hizo el Brigadier y Yngeniero Director Don Julian Giraldo, | Por D. Tomas Lopez de Vargas Machuca, Geógrafo de los Dominios de S. M. por Real Despacho, de | la Academia de S. Fernando y de la Real | Sociedad Bascongada de los Amigos del Pais, | Madrid, año de 1773. | Se hallará este con las Provincias particulares de España, el general de ella, el Mapa-mundi, las quatro partes y todas las obras del Autor en Madrid, en la Calle de las Carretas, entrando por la Plazuela del Angel | 0,39 × 0,39.

Brit. Mus. 156.6.—Bibl. nac. Madrid.—Bibl. partic. du Roi d'Espagne.
Dép. guerre, Madrid. LM. 4ª 1ª i 1.—Bibl. nat. Paris, archiv. 2389
et vol. C 2920

(Pl. 45 de l'Atlas de 1810.)

220. **Zieza.**—Mapa geográfico del partido de | Zieza | perteneciente á la Orden de Santiago. | Comprehende el Gobierno de este nombre, | las Varas de Totana, Moratalla, y Caravaca, | hecho de acuerdo y acosta del Real y Supremo Consejo de las Ordenes. | Por D. Tomas Lopez, Geógrafo de los Dominios de S. M. | Madrid, año de 1784. | 0,345 × 0,38.

Dép. hydrog. Madrid. C 129.—Bibl. nac. Madrid.
Dép. guerre, Madrid. LM. 3ª 2ª c 49.

(Ms. original sous le même n°.)

221. — Mapa | geográfico del partido de Zieza | perteneciente á la Orden de Santiago | Comprehende el Gobierno de este nombre, las Varas de Totana... Por D. Tomas Lopez Geógrafo | de los Dominios...

Archiv. Hist. Madrid 12676.

(Information due à notre ami D. Antonio Blazquez.—Il parait n'y avoir de différence que dans les coupures.)

TABLE DES MATIÈRES

CHAPITRE V

CHAPITRE VI

CHAPITRE VII

CHAPITRE VIII

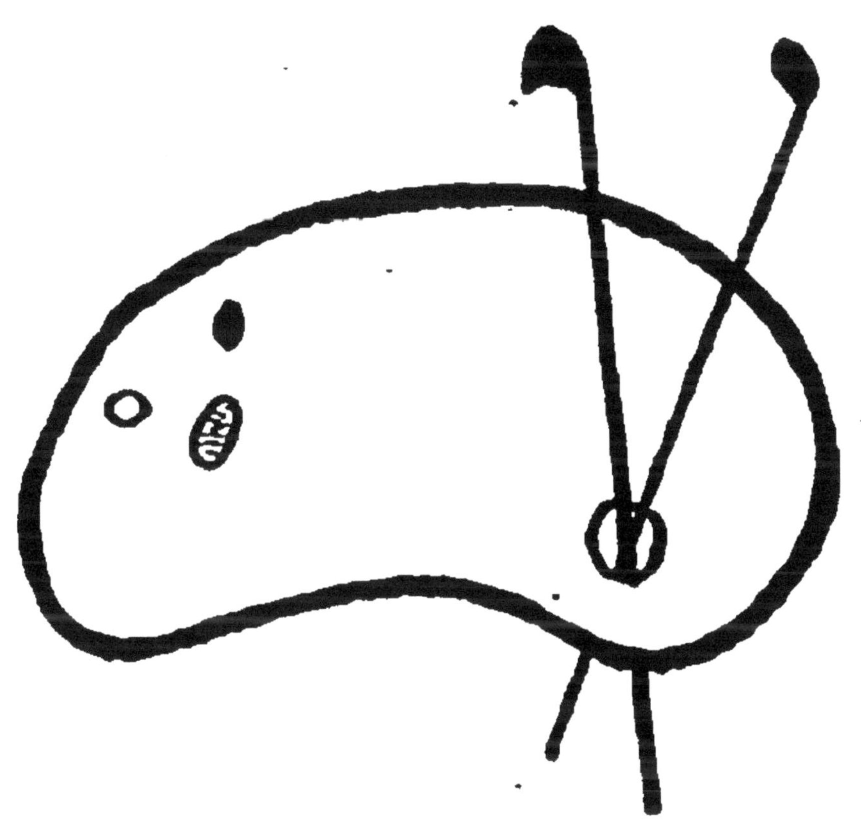

www.ingramcontent.com/pod-product-compliance
Ingram Content Group UK Ltd.
Pitfield, Milton Keynes, MK11 3LW, UK
UKHW051021210726
13857UKWH00007B/1075